"十二五"职业教育国家规划教材

经全国职业教育教材审定委员会审定

江苏省"十四五"首批职业教育规划教材

酶工程

第三版

李冰峰　刘　蕾　主编

化学工业出版社

·北京·

内容简介

职业教育最大的特色就是要持续不断地追踪经济社会的发展，需要不断补充新思维、新知识、新技术，使教育与经济社会发展保持匹配。《酶工程》（第三版）与生产实践紧密结合，根据企业典型工作任务和工作过程设计一系列项目化的学习任务，强调实践性。全书包括绪论和七个项目，即酶的分析、酶的生产、酶的分离纯化、酶的固定化、酶的分子修饰、酶的非水相催化、酶反应器，反映了典型工作任务的职业能力要求。本教材是新形态一体化教材，学生可以将拓展学习，深度学习，个性化的经验、体会、总结等及时充实到教材相应页面中，从而丰富知识、积累经验、提高技术技能水平。为方便教学，书中附有动画和视频等教学资源，学生可扫描书中二维码学习相应资源，满足多元化的学习需求，实现高效课堂。

本书适用于绿色生物制造技术、化工生物技术、食品生物技术、药品生物技术、环境工程技术、生物合成技术、农业生物技术等专业的高职学生，为培养生产服务一线高端技术技能人才起到良好的引领作用。

图书在版编目（CIP）数据

酶工程 / 李冰峰，刘蕾主编. —3 版. —北京：
化学工业出版社，2023.3（2024.10重印）
ISBN 978-7-122-42804-2

Ⅰ.①酶… Ⅱ.①李… ②刘… Ⅲ.①酶工程
Ⅳ.①Q814

中国国家版本馆 CIP 数据核字（2023）第 016333 号

责任编辑：王　芳　张双进　　　　　　　　文字编辑：丁　宁　陈小滔
责任校对：李露洁　　　　　　　　　　　　装帧设计：关　飞

出版发行：化学工业出版社（北京市东城区青年湖南街 13 号　邮政编码 100011）
印　　刷：北京云浩印刷有限责任公司
装　　订：三河市振勇印装有限公司
787mm×1092mm　1/16　印张 15　字数 367 千字　2024 年 10 月北京第 3 版第 2 次印刷

购书咨询：010-64518888　　　　　　　　　　售后服务：010-64518899
网　　址：http://www.cip.com.cn
凡购买本书，如有缺损质量问题，本社销售中心负责调换。

定　　价：45.00 元　　　　　　　　　　　　　　　　版权所有　违者必究

前言

酶作为一种生物催化剂，已广泛应用于我国许多生产领域。随着酶工程技术的不断创新与突破，在工业、农业、医药卫生、能源开发及环境工程等方面的应用越来越广泛。实现"碳达峰、碳中和"是贯彻新发展理念、构建新发展格局、推动高质量发展的内在要求。酶工程技术将有助于从原料源头降低碳排放，是降低工业过程碳排放的新途径，是传统产业转型升级的"绿色动力"。

自出版以来，《酶工程》深受广大同行和读者的欢迎。2014 年第二版入选"十二五"职业教育国家规划教材，并在 2021 年立项为江苏省优秀培育建设教材和江苏省"十四五"首批职业教育规划教材。本次修订是以国家职业标准和专业标准为依据，以综合职业能力培养为目标，以典型工作任务为载体，以学生为中心，以职业能力清单为基础，根据典型工作任务和工作过程设计一系列项目化的学习任务。本次修订着重在以下几个方面做了调整：

1. 本教材是新形态一体化教材。按照企业生产过程和岗位能力标准，把课程内容分解成七个结构完整的项目，编排了任务书和知识链接，把学生直接带入企业工作"情境"，按照行动导向教学法的步骤，引导学生完成每一个工作任务。典型工作任务的设置突出实用性和可操作性，涵盖了酶工程技术所需要的基本技能和方法。

2. 教材内容引用最新国家及行业标准，将新技术、新工艺、新标准和新要求纳入教材，把企业的典型案例及时引入教材，通过校企合作共同实现教学内容与工作需求的动态对接，把职业资格证书、职业技能等级证书内容及时融入教学，体现了岗课赛证融通。教材反映了最新的学科进展，对照生物技术及制药类专业人才培养要求，结合工作岗位，参照《酶制剂分类导则》（GB/T 20370—2021）等 50 余个国家和行业标准，融合了化工生产技术等职业技能大赛的内容。

3. 本教材遵循"立德树人"作为教育的根本任务这一理念，将人文关怀、价值理念、精神追求、劳动光荣等思想元素融入书中，培养学生德智体美劳全面发展。

4. 本教材同时配套相应数字化教学资源，如丰富的微课视频、动画等资源，学生可扫描二维码进行反复学习，增加了教学的直观性与便利性。

本书由南京科技职业学院教授李冰峰博士、副教授刘蕾博士担任主编，南京科技职业学院副教授常思源博士、徐州工业职业技术学院副教授吴昊担任副主编，参加本次修订的还有江苏省产业教授、南京江北新区生物医药公共服务平台有限公司总经理、高级工程师阚苏立博士，南京科技职业学院副教授宋伟博士、刘蓓蓓博士、冯美丽博士。其中绪论由李冰峰编写；酶的分析、酶的生产由刘蕾编写；酶的分离纯化、酶的固定化由常思源编写；酶的分子修饰由刘蓓蓓编写；酶的非水相催化由阚苏立、吴昊、冯美丽编写；酶反应器由宋伟编写。

由于作者水平有限，书中不妥之处在所难免，恳请专家、读者批评指正。

编者

目录

练习题答案

0 绪论

0.1 酶工程概述

酶是具有生物催化功能的生物大分子。按照分子中起催化作用的主要组分的不同，自然界中天然存在的酶可以分为蛋白类酶（proteozyme，protein enzyme，P 酶）和核酸类酶（ribozyme，RNA enzyme，R 酶）两大类别。蛋白类酶分子中起催化作用的主要组分是蛋白质，核酸类酶分子中起催化作用的主要组分是核糖核酸（RNA）。

"酶工程"这一术语出现在 20 世纪 70 年代初。1971 年在美国召开的第一届国际酶工程会议上，酶工程被定义为 "Enzyme Engineering"，标志着酶工程学科和技术体系的形成。现代生物技术、航天技术、信息技术、激光技术、自动化技术、新能源技术和新材料技术是世界七大高新技术，其中生物技术列在首位。生物技术之所以令世界各国如此重视，不仅是因为它在解决人类所面临的诸如食物短缺、人类疾病、环境污染和资源匮乏等重大问题上有着不可比拟的优越性，还因为它与理、工、农、医等科技的发展以及伦理道德、法律等社会问题都有着密切的关系。酶工程是酶学、微生物学的基本原理、重组技术与化学工程有机结合而产生的边缘科学，多学科渗透和融合是现代酶工程的基本特征。酶工程与微生物学、生物化学、细胞生物学、化学和工程学等学科有着密切的联系，是一门理论和实践紧密结合的应用性学科。

酶工程是研究酶的生产和应用的一门学科，其主要任务是通过预先设计，经过人工操作加以控制，获得大量生产实践所需要的酶，并通过各种方法保持酶的稳定性，发挥其最大的催化功能。简言之，酶工程发展的主要目标就是设计既有竞争力又符合可持续发展标准的创新产品和工艺。

随着人类社会经济和科技的不断变化，以及现代生物技术的飞速发展，酶工程的研究内容不断扩充。具体来说，酶工程的研究内容包括酶的生产、纯化、固定化技术、酶分子结构的修饰和改造、酶反应器设计以及在工农业、医药卫生和理论研究等方面的应用。另外，近年发展起来的抗体工程和抗体酶或催化抗体，也成为酶工程研究中值得关注的新方向。

0.2 酶工程发展简史

0.2.1 酶的发现

人类在几千年前就已经开始利用酶的催化作用来制造食品和治疗疾病。据文献记载，我国在 4000 多年前的夏禹时代就已经掌握了酿酒技术，在 3000 多年前的周朝，就会制造饴糖、食酱等食品，在 2500 多年前的春秋战国时期，就懂得用曲来治疗消化不良等疾病。在生产活动和生活过程中，我们的先人们创造了"酶"这个汉字，然而，人们从 18 世纪初才开始认识酶的作用和特性。300 年来，人们对酶的认识不断深入和扩展。

历史故事　杜康酿酒

传说认为酿酒始于杜康，他原是皇帝手下一名有名的大臣，由于耕地大面积地开发，皇帝让杜康专管粮食生产，他工作很认真，恪尽职守。可是随着粮食越来越多，粮食吃不完只能储藏在山洞里，山洞阴暗潮湿，时间一久，粮食全部腐烂了。杜康见状，开始苦思冥想储粮的方法。有一天杜康看见有几棵枯树，就挖了一个洞，把粮食放了进去，过了一段时间杜康再次去查看粮食的情况，偶然发现两只山羊喝了树洞流出的水后晕倒了，似乎都在睡大觉。杜康觉得非常奇怪，忍不住捧起来也喝了几口，感觉有些辛辣，但非常甘醇。皇帝喝了以后就给这香醇的水起名叫酒。三国时，曹操的《短歌行》有"何以解忧，唯有杜康"的著名诗句。后代诗人也多用杜康赞誉美酒。

1716 年（康熙五十五年）的《康熙字典》中就收录了"酶"字，并给出了"酶者，酒母也"这个确切的定义。酶乃酒之母，酒乃酶所生，酒是通过酶的作用而生成的，表明我国学者对酶的作用已经有了初步的认识，这比 Kühne 在 1878 年提出"enzyme"（来自希腊文，其意思是"在酵母"）这个词早了 100 多年。我国也是酱的创始国，在古代，酱在调味品中占有非常重要的地位，据《论语》记载，孔子曾表示"不得其酱不食"；从汉代开始，我国劳动人民就懂得了用豆、麦混合制成豆酱，这使得酱的味道更加鲜美。1833 年，Payen 和 Persoz 从麦芽的水提物中用乙醇沉淀得到了一种可以促进淀粉水解成可溶性糖但对热不稳定的活性物质，他们称这种物质为淀粉酶。由此开始了人类对酶本质的研究。

1857 年，Pasteur 通过对酵母的发酵研究，认为在活酵母细胞内存在一种可以使糖发酵生成乙醇的物质，进而提出了发酵是由微生物引起的理论。1878 年德国的 Kühne 首先把这种物质称为酶（enzyme）。

1894 年日本的高峰让吉用米曲霉固体培养法生产"他卡"淀粉酶，用作消化剂，使之成为世界上第一个商品酶制剂产品。人们由此开始了目标性的酶的生产和应用。

1896 年德国学者 Buchner 兄弟在研究酵母时发现，不含酵母细胞的抽提液也能使糖发酵产酒精，从而阐明了发酵是酶的作用的化学本质，并因此获得了 1911 年诺贝尔化学奖。他们的成功为 20 世纪酶学和酶工程学的发展揭开了序幕。

1897 年，德国化学家 E. Büchner 用石英砂磨碎酵母细胞，制备了不含酵母细胞的提取液，并证明此不含酵母细胞的提取液也能将糖发酵成乙醇，表明酶不仅在细胞内，而且在细胞外也可进行催化作用，此项发现促进了酶的分离和对其理化性质的探讨和对各种生物过程中酶系统的研究，标志着发酵及酶学研究领域的新突破，也开启了酶学（enzymology）研究的篇章。Büchner 也因"发现无细胞发酵及相应的生化研究"而获得了 1907 年的诺贝尔化学奖。

进入 20 世纪后，酶学得到了迅速发展。1902 年，Henri 在研究蔗糖酶水解蔗糖的反应中发现酶与底物之间存在某种关系，即酶与底物的作用是通过酶与底物生成络合物而进行的，由此提出了中间产物学说。1913 年，Michaelis 和 Menten 根据中间产物学说导出了著名的酶促反应的基本动力学方程——Michaelis 和 Menten 方程，简称米氏方程。1925 年，Briggs 和 Handane 修正了米氏方程，提出了稳态学说。经过近百年的验证，米氏方程已经被证明能够精确描述数千种不同酶类的整体动力学行为。

1926 年，Sumner 首次成功地从刀豆中提取出脲酶结晶，并证明了酶的本质是蛋白质，为酶化学奠定了基础。此后的 50 多年中，人们普遍接受了"酶是具有生物催化功能的蛋白质"的观点。迄今为止，已发现的存在于生物体内的酶有近 8000 种，而且每年都有新酶被发现。

1960 年，法国的 Jacob 和 Monod 提出了操纵子学说，阐明了酶生物合成的调节机制，使酶的生物合成可以按照人们的意愿加以调节控制。1969 年日本的千畑一郎博士经过近 10 年努力，成功将固定化酶应用于工业生产，开辟了固定化酶应用的新时代。在此基础上，人们又研制了各种固定化酶反应器。固定化酶的工业应用和酶反应器的出现是酶工程发展的新标志。

1982 年，Thomas Cech 等人发现四膜虫的 rRNA（核糖体核糖核酸）前体在完全没有蛋白质的情况下能够进行自我剪接加工，催化得到成熟的 rRNA 产物。也就是说，rRNA 本身是催化剂。Thomas Cech 将这种具有催化功能的 RNA 称为核酸酶（nuclease）。

1983 年，Sidney Altman 等人在研究中发现核糖核酸酶 P（RNase P）的 RNA 部分 M1 RNA 具有核糖核酸酶 P 的催化活性，同样能单独催化 tRNA 前体的 5′-端成熟。RNA 具有生物催化活性这一发现改变了有关酶的概念，被认为是现代生物学中的一个重大突破。为此，T.Cech 和 S.Altman 共同获得了 1989 年的诺贝尔化学奖。

1986 年，Schultz 和 Learner 两个小组同时报道，用事先设计好的过渡态类似物作半抗原，按照标准单克隆抗体制备法获得了具有催化活性的抗体，被称为抗体酶（abzyme）。这一酶学上的重要突破为酶的结构功能研究和抗体与酶的应用研究开辟了全新的领域。

1995 年，Cuenoud 发现某些 DNA 分子也具有催化功能，这彻底改变了酶是蛋白质的传统观念，也为先有核酸后有蛋白质提供了进化的证据。

随着基因工程的崛起，细胞融合技术、DNA 重组技术等生物技术被广泛地引入到酶学研究中来，使其形成了一门重要的生物工程技术分支——酶工程，并已显示出广阔而诱人的前景。

0.2.2 酶工程的发展概况

酶工程（enzyme engineering）是在酶的生产和应用过程中逐步形成并发展起来的学科。酶工程的核心目标是如何廉价且有效地生产出所需规格的酶，以及如何有效地通过化学或生物手段改造酶，并使之有效发挥催化特性，最大限度地服务人类。

对酶进行目的明确的生产和应用是从 19 世纪末开始的。主要是从动物、植物和微生物原料中提取、分离、纯化各种酶，并加以利用。1894 年，日本的高峰让吉首先从米曲霉中制备获得"他卡"淀粉酶，用作消化剂，开创了近代酶的生产和应用的先河。1908 年，德国的 Rohm 从动物胰脏中制备获得胰酶用于皮革的软化。同年，法国的 Boidin 利用制得的细菌淀粉酶进行纺织品的退浆。1911 年，德国人 Wallerstein 利用木瓜蛋白酶防止啤酒浑浊。1949 年，日本开始采用微生物液体深层培养法进行细菌 α-淀粉酶的发酵生产，开启了现代酶制剂工业的序幕。20 世纪下半叶，酶的工业化进程谱写了历史性篇章，微生物酶的生产进入到了大规模工业化阶段，揭开了近代酶工业的序幕。20 世纪 60 年代以后，伴随固定化酶、固定化细胞的崛起和微生物学、遗传工程及细胞工程的发展酶工程得到进一步发展。1969 年日本的千畑一郎首次成功地在工业上应用固定化氨基酰化酶生产 L-氨基酸。1978 年，日本的铃木等人采用固定化细胞生产 α-淀粉酶并取得成功。固定化技术的突破让固定化酶、固定化细胞、生物反应器与生物传感器等酶工程技术迅速得以应用。1986 年，我国著名生物工程专家郭勇等人采用固定化原生质体技术生产碱性磷酸酶、葡萄糖氧化酶、谷氨酸脱氢酶等并相继取得成功，为胞内酶的连续生产开辟了崭新的途径。

在 20 世纪 70 年代中期以前，工业上的酶反应通常在水溶液中进行。1984 年，A. M. Klibanov 等人发表了关于酶在有机介质中的催化反应条件和特性的文章，开创了非传统介质中酶催化的新时代，在酶学领域迅速形成了一个全新的分支——非水酶学。这在多肽合成、聚合物合成、药物合成以及立体异构体拆分等领域显示了蓬勃的生命力。

随着基因工程的崛起，酶工程的研究被赋予了新的内涵，20 世纪 80 年代实现了克隆酶的突破，此后以遗传工程为先导的生物酶工程逐步形成。基因工程技术的应用，不仅极大地推进了更优质、更经济的酶（生物催化剂）的生产，还拓宽了酶的应用规模，酶的稳定性也得以增强，酶的应用成本显著降低。1990 年以来，以定向进化、蛋白质的理性设计为代表的蛋白质工程技术的飞速发展，可简便而高效地实现酶的催化活力、稳定性、专一性以及环境适应性等多方面的改造，不仅为酶的大规模应用创造条件，同时使研究者更快、更多地了解蛋白质结构与功能之间的关系，揭示酶在生命活动中的作用机制。定向进化已成为酶工程的有力工具。总而言之，人工设计和改造细胞表达体系，以模式生物为细胞工厂，程序化控制生产酶，这一思路是未来酶工程蛋白发酵技术的发展方向。另外，抗体酶、人工酶、模拟酶等新的研究成果的不断涌现，以及酶的化学修饰等酶的应用技术的快速发展，使酶工程在研究和工业应用方面不断发展，显示出广阔而诱人的前景。目前，酶工程的应用几乎覆盖到所有人类需要的产品（如食品、饲料、药品、精细化学品、材料、医疗保健、能源、环境等）生产、分析和诊断领域。

　　酶工程的终极目标是充分发挥酶在人类生活中的催化潜能。随着基因组学和蛋白质组学的诞生，生物信息学的兴起，以及重组 DNA 技术、酶的理性设计技术、超高通量筛选技术的快速发展，融合蛋白（fusion protein）技术创造了自然界不存在的新酶品种。近年来又提出的蛋白质全新设计（protein de novo design）概念，是用于组建自然界原本不存在的、结构和功能全新的功能蛋白。预期在不久的将来，众多新酶的出现将使酶的应用达到前所未有的高度，酶工程研究和酶制剂工业也必将取得更快、更大的发展。

0.3　酶工程的研究热点

　　酶工程作为现代生物技术的重要组成部分，是一门以研究酶及其应用为主要内容的综合性学科，其具有综合性、应用性及发展性等特点。酶工程的应用范围已遍及工业、医药、化学分析、环境保护、能源开发和生命科学理论研究等各个方面。当今，酶工程的研究任务是要从分子水平更深入地揭示酶和生命活动的关系，阐明酶的催化机制和调节机制，探索酶蛋白的结构与性质、功能之间的关系。

0.3.1　极端环境及不可培养微生物中新酶的挖掘与开发

　　特殊的生存条件导致一些微生物具有特殊的遗传背景和代谢途径，并可产生功能特殊的酶类和活性物质，从这些极端环境中挖掘、开发具有特殊功能的新酶是当前酶工程领域的研究热点之一。极端微生物所产生的极端酶可在苛刻工业条件下起作用，极大地拓展酶的应用空间，是建立高效率、低成本生物技术加工过程的基础。研究的主要极端环境酶有：嗜热酶、嗜冷酶、嗜酸酶、嗜碱酶、嗜盐酶、嗜压酶、耐有机溶剂酶等，目前已发现能在极端温度（$-10 \sim 0$℃，$250 \sim 350$℃）、极端离子强度（$2 \sim 5$mol/L NaCl）、极端 pH（<3，>10）或有机溶剂（50% DMSO、50% DMF、10% $\sim$ 90%乙腈等）等环境中生长的极端微生物。例如：利用嗜冷产甲烷菌生产沼气，对于低温条件下北方居民利用沼气越冬具有重要意义。

知识拓展　水深火热——极端酶

极端酶是由能在极端环境下生长的微生物产生的，能够在极端环境下行使功能的酶。这些微生物遍布全球的生物圈、大气圈、水圈（淡水和海洋）、岩石圈和冰雪圈。

从深海到极地，从热泉到火山，从含酸矿液到盐碱池，以上都是人迹罕至的地方，这些极端、恶劣的环境被认为是生命的禁区，但随着科学研究的深入，这些极端的环境中不断有新的微生物被发现。

早在1775年，一位俄国探险家发现古代冰川中有活的微生物存在，打破了人们对微生物的传统认识。在我国新疆和内蒙古的多个盐碱湖，已有多株嗜盐菌和嗜碱菌被分离出来。这些能够在极端环境中生长的微生物被称为极端微生物。极端酶的发现，满足了酶在日常生活、生产行业、科学研究方面的广泛需求。最典型的就是耐热的聚合酶（Taq酶），它来自水生栖热菌，已被用于DNA聚合酶链式反应（PCR），穆利斯因此而获得1993年诺贝尔化学奖。

0.3.2　酶催化反应的介质工程

传统观念认为酶只能在水溶液中发挥催化作用，这极大地限制了酶的工业应用。1984年，A. M. Klibanov等人在有机介质中进行了酶催化反应的研究，他们成功地利用酶在有机介质中的催化作用，获得酯类、肽类、手性醇等多种有机化合物，明确指出酶可以在水与有机溶剂的互溶体系中进行催化反应。目前酶反应的非水介质已经拓展到水-有机溶剂两相体系、反胶束体系、超临界流体介质、气相介质和离子流体介质等。研究发现，脂肪酶、酯酶、蛋白酶、纤维素酶、淀粉酶等水解酶类和过氧化物酶等十几种酶在一定的有机相中具有与在水相中相当的催化活性。目前已有不少比较成熟的工业应用，例如利用脂肪酶非水相催化合成脂肪酸甲酯（生物柴油主要成分）。

知识拓展　酶法合成生物柴油

生物柴油的概念最早由德国工程师于1895年提出，即用植物油直接代替柴油做燃料。生物柴油是生物质能的一种形式，是以动植物油脂为原料生产的可再生绿色能源。1983年，美国和德国的生物学家采用动物或植物油脂与甲醇或乙醇进行反应合成脂肪酸单酯代替柴油。目前生产柴油的原料有豆油、菜籽油和废油等。我国每年产生大量废油，如果用于制备生物柴油，则可生产生物柴油3万吨左右。酶法生产生物柴油对原料没有选择性，对废油的转化效率高。北京化工大学成功开发了酯化专用脂肪酶技术，酶活性超过国际标准。此项技术对解决可持续发展所面临的能源和环境的问题有重大意义。

0.3.3　酶在手性化合物合成中的应用

手性化合物因分子内含有一个或多个不对称碳原子面而具有不同的性质，有时同一药物的两个对映体的药效和毒性相差几十甚至几百倍。手性制药是医药行业的前沿领域，2001 年诺贝尔化学奖就授予分子手性催化的主要贡献者。在临床治疗方面，服用对映体纯的手性药物不仅可以排除由于无效（不良）对映体所引起的毒副作用，还能减少药物剂量和人体对无效对映体的代谢负担，对药物动力学及剂量有更好的控制，提高药物的专一性，因而具有十分广阔的市场前景和巨大的经济价值。酶在生产手性药物方面可以发挥不可替代的作用，从早期的外消旋体拆分发展到不对称合成。酶不对称合成又称选择性生物催化合成（selective biocatalytic synthesis），与化学合成相比具有独特的优势：反应条件温和、不产生副产物、污染小对环境友好等。华东理工大学魏东芝团队在生物催化拆分制备手性非天然氨基酸方面取得显著成就，他们研发的青霉素酰化酶及其固定化生物催化剂制备技术及该项目所建立的成套平台技术已在知名手性氨基酸生产企业中应用，实现了 20 余种手性非天然氨基酸的拆分制备，产品纯度均超过 99%，质量满足 AJI97 标准和美国药典标准。

0.3.4　酶在生物质能源及环境治理中的应用

近年来，煤炭、石油等不可再生资源储备量逐渐减少，环境污染问题日益突显，寻找可再生能源成为缓解能源危机和环境污染的有效途径。目前，大力发展可替代化石能源的生物质可再生能源、减少温室气体排放对维护能源安全、保护环境、实现人类可持续发展具有重要的现实意义和长远的历史意义，其中酶工程发挥了巨大作用。酶用于生物质能源的开发主要有生产生物乙醇、生物柴油、生物制氢等生物燃料，以及生物电池研发等；酶在可生物降解材料开发方面，目前应用于各个领域的高分子材料，大多数是生物不可降解或不可完全降解的材料。这些高分子材料使用以后，成为固体废物，对环境造成严重的影响。因此，研究和开发可生物降解材料，已经成为可生物降解的高分子材料开发的重要途径。例如，利用脂肪酶的有机介质催化合成聚酯类物质；利用蛋白酶或脂肪酶合成多肽类或聚酰胺类物质等。

酶的应用

趣味阅读　**酶是绿色能源的再生法宝**

当今，能源短缺和环境污染已成为制约人类可持续发展的瓶颈之一，生物技术是解决环境问题的有效工具之一，以绿色的酶催化工艺改造传统的化学加工业将成为必然趋势。我国是世界第一秸秆大国，每年可收集到的纤维秸秆有 3.0 亿～3.3 亿吨，在生物生产过程中具备了原料优势。采用合适的预处理工艺克服天然木质纤维这种复杂的结构屏障，使微生物更加容易利用其中的纤维素和半纤维素，通过酶的降解作用生产可溶性单糖等生物基化学品。通过利用生物质资源生产多种与生态环境兼容的高值生物产品，有效提升木质纤维原料生物炼制产业的商业价值，对于缓解我国能源紧张，减少环境污染，走可持续发展之路具有现实意义。

1　酶的分析

📄 项目导读

酶的分析主要研究酶的组成、结构和功能，酶的催化特性及影响因素，酶促反应动力学等。通过所学内容建立酶的催化体系，确定酶的催化特征及完成酶学性质的测定。酶的分析在实际生产中能准确把握酶促反应的条件，充分发挥酶的催化作用，以较低的成本生产出较高质量的产品。

📋 学习目标

知识目标	能力目标	素质目标
1. 掌握产酶微生物的筛选步骤。	1. 能够掌握酶的结构和催化特性。	1. 培养学生严谨细致、精益求精的工作态度，强化质量意识，追求极致的工匠精神。
2. 掌握酶的命名、结构和掌握糖基转移酶基本酶学性质的测定方法。	2. 能够完成酶催化体系建立，完成 pH、温度、有机溶剂以及反应动力学等酶学性质的测定。	2. 培养学生求真务实、吃苦耐劳、团结协作的社会精神。
3. 掌握酶催化体系建立的方法。	3. 能够完成酶活力和比活力测定。	3. 培养学生追求真理、求真求是的工作态度。
4. 了解米氏方程的意义、用途和影响酶催化作用的因素	4. 掌握数据和图文的基本处理方法	4. 培养学生刻苦钻研、勇攀科学高峰的信念和意志

1.1　任务书　糖基转移酶的分析

1.1.1　工作情景

糖苷类抗生素是临床上广泛使用的抗肿瘤化合物。由糖基转移酶催化的糖基化反应通常在抗生素生物合成的最后发生，糖基转移酶对糖苷类抗生素的活性有很大的影响。某制药公司以其实验室保存的含有糖基转移酶的大肠杆菌菌株为基础，团队需要制订出糖基转移酶的酶学性质测定计划，完成糖基转移酶催化体系的建立。检测过程中糖基转移酶活力参照 QB/T 5357—2018 相关规定执行，过程记录完整，质控检测合格。

1.1.2　工作目标

（1）能够通过团队协作共同制订任务步骤。

（2）能够完成糖基转移酶催化体系的建立。

（3）能够完成糖基转移酶反应动力学测定。

1.1.3　工作准备

1.1.3.1　任务分组

学生任务分配表

班级		组号		指导教师	
组长		学号			
组员		姓名	学号	姓名	学号

任务分工

问题反馈

1.1.3.2　获取任务相关信息

（1）查阅知识链接资料，自主学习基础知识。

（2）查阅任务相关背景资料，完成如下问题。

① 请写出糖基转移酶活力测定的方法和步骤。

_____

_____

_____

② 请简要写出酶催化体系建立的方法。

_____

_____

_____

（3）在教师的指导下，根据资料绘制任务流程图。

1.1.3.3 制订工作计划

按照收集信息和决策过程，填写工作计划表、试剂使用清单、仪器使用清单和溶液制备清单。

工作计划表

步骤	工作内容	负责人	完成时间
1	确定糖基转移酶催化体系的建立方法		
2	考察影响糖基转移酶酶活力的因素		
3	考察糖基转移酶底物特异性		
4	糖基转移酶反应动力学测定		

试剂使用清单

序号	试剂名称	分子式	试剂规格	用途

仪器使用清单

序号	仪器名称	规格	数量	用途
1	高压灭菌锅			
2	电子天平			
3	pH 计			

  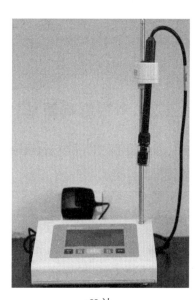

电子天平　　　　　　　　　高压灭菌锅　　　　　　　　　pH 计

溶液制备清单

序号	制备溶液名称	制备方法	制备量	储存条件

1.2 工作实施

检查该项目任务准备情况，确定实施时间以及主要流程，实施任务。

1.2.1　确定糖基转移酶催化体系的建立方法

查阅资料，简要写出糖基转移酶催化体系建立的条件。

1.2.2　考察影响糖基转移酶酶活力的因素

（1）检测过程中糖基转移酶活力参照 QB/T 5357—2018 相关规定执行，过程记录完整，质控检测合格。

（2）考察 pH 对糖基转移酶活力的影响。

① 查阅资料，总结 pH 对糖基转移酶活力的影响。

② 考察 pH 对酶活力的影响并记录数据。

pH 对酶活力的影响数据记录

pH	3	4	5	6	7	8	9
第一次							
第二次							
第三次							

③ 查阅资料，总结反应时间对糖基转移酶的 pH 稳定性的影响。

记录反应时间对糖基转移酶的 pH 稳定性影响。

反应时间对糖基转移酶的 pH 稳定性影响

时间/min	pH						
	3	4	5	6	7	8	9
10							
30							
60							
120							

④ 分析数据，绘制 pH 对糖基转移酶活力稳定性影响的曲线图。

(3）考察温度对糖基转移酶活力的影响。

① 查阅资料，思考温度对糖基转移酶活力的影响。

進行数据记录。

温度对糖基转移酶活性的影响

温度/℃	20	25	30	35	40	45	50
第一次							
第二次							
第三次							

② 小组讨论：根据查阅资料和工作数据讨论糖基转移酶的温度稳定性。

糖基转移酶的温度稳定性数据记录

时间/min	20℃	25℃	30℃	40℃	50℃
10					
30					
60					
120					

绘制温度对糖基转移酶活力影响的曲线图。

（4）考察有机溶剂对糖基转移酶的影响。

数据记录。

有机溶剂对糖基转移酶的影响数据记录

有机溶剂	糖基转移酶相对活力/%	剩余活力/%

1.2.3　考察糖基转移酶底物特异性

查阅资料，简述哪些底物可以作为糖基转移酶底物特异性考察对象。

记录糖基转移酶底物特异性考察数据。

糖基转移酶底物特异性

编号	底物	结构	分子量	转化率/%
1				
2				
3				
4				
5				
6				
7				
8				

1.2.4　糖基转移酶反应动力学测定

(1) 小组讨论：简要说明糖基转移酶反应动力学测定方法。

(2) 记录酶液的制备方法。

(3) 记录酶反应时间和酶活力的关系曲线。

（4）测定酶促反应的 K_m 和 V_{max} 值并做记录。

记录酶促反应历程中的底物溶液和缓冲溶液的体积。

酶促反应历程中的底物溶液和缓冲溶液的体积

管号	1	2	3	4	5	6	7	8
底物溶液/mL								
缓冲溶液/mL								
合计/mL								

（5）结果计算与绘图。

1.3 工作评价与总结

1.3.1 个人与小组评价

（1）能对糖基转移酶催化体系建立做出归纳总结，准确把握酶促反应条件。

（2）和小组成员分享工作的成果。

以小组为单位，运用 PPT 演示文稿、纸质打印稿等形式在全班展示，汇报任务的成果与总结，其余小组对汇报小组所展示的成果进行分析和评价，汇报小组根据其他小组的评价意见对任务进行归纳和总结。

个体评价与小组评价表

考核任务	自评得分	互评得分	最终得分	备注
确定糖基转移酶催化体系的建立方法				
考察影响糖基转移酶活力的因素				
考察糖基转移酶底物特异性				
糖基转移酶反应动力学测定				

总结与反思

学生改错	学生学会的内容

学生总结与反思:

1.3.2　教师评价

按照客观、公平和公正的原则，教师对任务完成情况进行综合评价和反馈。

教师综合反馈评价表

评分项目			配分	评分细则	自评得分	小组评价	教师评价
职业素养（55分）	纪律情况（15分）	不迟到，不早退	5分	违反一次不得分			
		积极思考，回答问题	5分	根据上课统计情况得1~5分			
		有书本、笔记及项目资料	5分	按照准备的完善程度得1~5分			
	职业道德（20分）	团队协作、攻坚克难	10分	不符合要求不得分			
		认真钻研，有创新意识	10分	按认真和创新的程度得1~10分			
	5S（10分）	场地、设备整洁干净	5分	合格得5分，不合格不得分			
		服装整洁，不佩戴饰物，规范操作	5分	合格得5分，违反一项扣1分			
	职业能力（10分）	总结能力	5分	自我评价详细，总结流畅清晰，视情况得1~5分			
		沟通能力	5分	能主动并有效表达沟通，视情况得1~5分			
核心能力（45分）	撰写项目总结报告（15分）	问题分析，小组讨论	5分	积极分析思考并讨论，视情况得1~5分			
		图文处理	5分	视准确具体情况得5分，依次递减			
		报告完整	5分	认真记录并填写报告内容，齐全得5分			
	编制工作过程方案（30分）	方案准确	10分	完整得10分，错项漏项一项扣1分			
		流程步骤	5分	流程正确得5分，错一项扣1分			
		行业标准、工作规范	5分	标准查阅正确完整得5分，错项漏项一项扣1分			
		仪器、试剂	5分	完整正确得5分，错项漏项一项扣1分			
		安全责任意识及防护	5分	完整正确，措施有效得5分，错项漏项一项扣1分			

1.4　知识链接

1.4.1　酶的组成、结构和功能

酶是一类具有催化活性的生物大分子，除少数 RNA 和 DNA 具有一定的催化功能之外，自然界中几乎所有的酶都是蛋白质，因此，通常所指的酶均为蛋白质类的酶。

1.4.1.1　酶的组成

迄今发现的酶仅有少部分是纯粹的蛋白质，即简单酶（simple enzyme），其分子中不含非蛋白质组分。而大部分酶则为复合蛋白质，即结合酶（conjugated enzyme）或全酶（holoenzyme），是由蛋白质部分（酶蛋白或脱辅酶，apoenzyme）和非蛋白质部分（辅因子，cofactor）所组成。无论哪类酶，其蛋白质部分都有 3 种组成形式，即单体酶（monomeric enzyme）、寡聚酶（oligomeric enzyme）和多酶体系（multienzyme system）或多酶复合体（multienzyme complex），而结合酶的辅因子又分为辅酶（coenzyme）、辅基（prosthetic group）。

（1）单体酶

由一条肽链或单亚基组成的酶，其中单亚基是由多条肽链通过链间二硫键相连构成的。单体酶仅有一个活性部位，分子量也较低，一般在 $1.5 \times 10^3 \sim 3.5 \times 10^3$ 之间，这类酶数量很少，几乎都是催化水解反应的酶，如淀粉酶、胰蛋白酶等。

（2）寡聚酶

由两个或两个以上亚基组成的酶。这些亚基可相同（如己糖激酶、过氧化氢酶），也可不相同（如磷酸化酶）。寡聚酶中每个亚基往往都有各自的生物功能，但它们只有通过非共价键缔合在一起构成完整的酶分子，才具有完整的催化活性，单一亚基不具有完整的催化活性或根本无催化活性。寡聚酶的分子量范围较宽，一般大于 3.5×10^3。相当数量的寡聚酶都是调节酶，在生物代谢中多催化限速步骤，在代谢调控中起重要作用。

（3）多酶复合体

由几种酶组成的、具有空间位相关系的复合体。这些酶在空间上有机地嵌合成一个有序的复合体，形成可依次催化一个连续反应的体系，连续反应中的前一个反应产物是后一个反应的底物，例如呼吸链中的酶。多酶体系缩短了酶与底物的距离，可有效地使底物与酶结合，有利于一系列反应的连续进行。显然，多酶体系的分子量较大，一般为数百万级。

有些酶的活性仅仅取决于其本身的蛋白质结构，这类酶属于简单蛋白质，如脲酶、蛋白酶、淀粉酶、脂肪酶以及核糖核酸酶等。大多数酶只有在与非蛋白质组分结合后才表现出酶的活性，这类酶属于结合蛋白质，其非蛋白质组分称为辅因子。酶蛋白和辅因子结合后所形成的复合物称为结合酶或全酶。结合酶可以表示如下：

$$结合酶=酶蛋白+辅因子$$

对于结合酶，大多数情况下只有在酶蛋白与辅因子结合后才表现出酶的活性。在催化反应中，酶蛋白与辅因子所起的作用不同，酶反应的专一性取决于酶蛋白本身，辅因子本身无催化能力，其作用是在酶促反应中传递电子、原子或某些化学基团，维持酶的活性和完成酶的催化过程。辅因子可以是金属离子（如铁、铜、锌、镁、钙、钾、钠离子等），也可以是有机化合物。有机辅因子可以依据其与酶蛋白结合的程度分为辅酶和辅基。前者为松弛结合，可透析除去，如 NAD^+、$NADP^+$、辅酶 Q（CoQ）、硫辛酸、生物素等；后者为紧密结合，如黄素单核苷酸（FMN）、黄素腺嘌呤二核苷酸（FAD）等。二者的区别只在于它们与酶蛋白结合的牢固程度不同，并无明显界限。

1.4.1.2　酶的命名

酶的命名通常有两种方法，即习惯命名法和系统命名法。

（1）习惯命名法

1961 年以前，酶的命名都是采用习惯命名法，其依据的原则主要有：

① 根据酶所作用的底物命名　如催化水解淀粉的酶叫淀粉酶，催化水解蛋白质的酶称为蛋白酶。有时还加上来源以区别不同来源的同一种酶，如木瓜蛋白酶、胃蛋白酶、胰蛋白酶等。

② 根据催化反应的性质及类型命名　如氧化酶、转移酶、水解酶等。

③ 结合上述两个原则综合命名　如催化琥珀酸脱氢反应的酶叫琥珀酸脱氢酶等。

在许多情况下，这种习惯的、非系统的或未指明催化性质的命名法是不太合理的，经常会出现一种酶多个名称或一个名字多个酶共用的情况。为了适应酶学的发展，避免上述情况的发生，国际酶学委员会于 1961 年提出了一套系统的命名方案和分类原则。

（2）国际系统命名法

按照国际系统命名法，每一种酶有一个系统名称和一个习惯名称。酶的系统名称应当明确标明酶的底物及催化反应的类型。例如乳酸脱氢酶的反应为：

$$L-乳酸 + NAD^+ \longrightarrow 丙酮酸 + NADH + H^+$$

这个反应的底物是 L-乳酸和 NAD^+，类型是氧化还原反应。因此这个酶的系统名称为：L-乳酸：NAD^+氧化还原酶。

（3）国际系统分类法及编号

国际系统分类法中的分类原则是：根据酶所催化反应的性质，把酶分为六大类，分别用 1、2、3、4、5、6 的编号来表示（如表 1-1）；根据底物中被作用的基团或键的特点再将每一大类分为若干亚类；每一亚类中再分为若干小类；每一小类中包含若干个具体的酶。

表 1-1 　酶的国际系统分类法

分类	名称	催化反应的类型		示例
1	氧化还原酶	$A^- + B \longrightarrow A + B^-$	电子转移	醇脱氢酶
2	转移酶	$AB + C \longrightarrow A + BC$	转移官能团	己糖激酶
3	水解酶	$AB + H_2O \longrightarrow AH + B\text{-}OH$	水解反应	胰蛋白酶
4	裂合酶	$AB \longrightarrow A + B$	键的断裂	乙酰乳酸合成酶
5	异构酶	$A \longrightarrow B$	分子内基团转移	木糖异构酶
6	合成酶（或连接酶）	$A + B \longrightarrow AB$	键形成与 ATP 水解偶联	丙酮酸羧化酶

　　根据国际系统命名法，每一种酶除了有一个系统名称外，还有一个系统编号，其系统编号由四个数字组成，数字之间用"."隔开。第一个数字表示该酶属于六大类中的哪一类；第二个数字表示该酶属于此大类中的哪一个亚类；第三个数字表示该酶属于上述亚类的哪一个小类；第四个数字表示这一具体的酶在该小类中的序号。编号之前往往加注 EC，EC 是国际酶学委员会（enzyme commission）的缩写。如胰蛋白酶的系统编号为 EC3.4.21.4，第一个数字"3"表示该酶是水解酶（第三大类）；第二个数字"4"表示它是水解酶的第四亚类，催化的反应类型为水解肽键；第三个数字"21"表示该酶属于第四亚类中的第二十一小类，此小类为丝氨酸蛋白酶，在活性部位上有一个至关重要的丝氨酸残基；第四个数字"4"表示该酶是这一小类中的特定序号。当酶的编号仅有前三个数字时，就已经清楚地表明了这个酶的特性：反应性质、底物性质、键的类型。

　　六大类酶简介如下。

　　① 氧化还原酶（oxido-reductases）　　氧化还原酶催化氧化还原反应，其催化反应的通式为：

$$A^- + B \longrightarrow A + B^-$$

　　被氧化的底物（A^-）为氢或电子供体，被还原的底物（B）为氢或电子受体。系统命名时，将供体写在前面，受体写在后面，然后再加上氧化还原酶字样，如黄嘌呤：氧化还原酶（习惯命名为黄嘌呤氧化酶）。

黄嘌呤　　　　　　　　　　　　　　　　　　　尿酸

　　氧化还原酶在体内参与产能、解毒和某些生理活性物质的合成，例如各种脱氢酶、氧化酶、过氧化物酶、氧合酶等。

趣味阅读 "左右逢源"之氧化还原酶类

酶分类的第一大家族是"左右逢源"的氧化还原酶类。它既能够催化物质被氧气氧化，又能够催化物质脱去氢。

日常生活中，我们常见水果（桃子、苹果、梨等）以及蔬菜（土豆、莲藕、茄子等）经削皮、切割后颜色变黑、褐。其实，这种现象与氧化酶脱不了关系。这些黑色或褐色物质是如何产生的呢？原来是受损伤的果蔬含有酚类物质，其露在空气中在氧化酶作用下被氧化成醌，醌的多聚化使其与其他物质结合而形成黑色或褐色的色素沉淀。俗话说得好，解铃还须系铃人，解决果蔬褐变问题的根本办法是脱氧。葡萄糖氧化酶是一种理想的除氧保鲜剂，它和果蔬在一起就会先消耗氧而达到果蔬保鲜的目的。罐藏食品可以使用含葡萄糖氧化酶的吸氧保鲜袋防止食品氧化。

② 转移酶（transferase） 转移酶催化功能基团转移的反应，其催化反应的通式为：

$$AB + C \longrightarrow A + BC$$

这类酶的系统命名是"供体：受体某基团转移酶"，如丙氨酸：酮戊二酸氨基转移酶（习惯名为谷丙转氨酶）。

转移酶在体内将某基团从一个化合物转移到另一个化合物，参与核酸、蛋白质、糖类以及脂肪的代谢与合成。重要的主要有酰基转移酶、糖基转移酶、酮醛基转移酶、磷酸基转移酶、含氮基转移酶、含硫基团转移酶等。

知识拓展 谷丙转氨酶

谷丙转氨酶（ALT）主要存在于肝细胞中，是诊断病毒性肝炎、中毒性肝炎的重要指标。肝细胞内谷丙转氨酶的浓度是血清中的 $1000 \sim 3000$ 倍。只要有 1% 的肝细胞坏死，便可使血中酶活性增高 1 倍，因此 ALT 对于诊断急性肝细胞损害具有很强的灵敏性。

③ 水解酶（hydrolase） 水解酶催化水解反应，其催化反应的通式为：

$$AB + H_2O \longrightarrow AH + B\text{-}OH$$

水解酶的系统命名是先写底物的名称，再写发生水解作用的化学键位置，其后再加上水解酶即可，如核苷酸磷酸水解酶等。

这类酶在体内外起降解作用，一般不需要辅酶，是人类应用最为广泛的酶。重要的有糖苷酶、肽酶以及各种脂肪酶等。

趣味阅读 米饭为什么越嚼越甜？

淀粉是葡萄糖的高聚体，是高分子碳水化合物，也是属于糖类的一种。淀粉本身没有甜味，所以，我们常吃的米饭（主要成分是淀粉）一般是不甜的。但如果你吃米饭多嚼几次，就会感觉有一点甜。这是因为人的唾液里面含有淀粉酶，是专门分解淀粉的，我们在嚼的过程中淀粉酶会把淀粉分解成麦芽糖，咀嚼久了，食物与唾液充分混合，所以会觉得甜。如果不咀嚼，唾液淀粉酶就无法和淀粉充分接触而起作用，那么较甜的低分子糖就无法被"生产"出来，所以就不甜了。

---

④ 裂合酶　裂合酶催化一个化合物裂解成为两个较小化合物及其逆反应，其催化反应的通式为：

$$AB \longrightarrow A + B$$

这类酶的系统命名为"底物-裂解的基团-裂合酶"，如柠檬酸裂合酶（柠檬酸合成酶）。

$$
\begin{array}{c}
\text{CH}_2\text{COO}^- \\
| \\
\text{HO} - \text{C} - \text{COOH} + \text{C} \\
| \\
\text{CH}_2\text{COO}^-
\end{array}
\xrightarrow{\text{柠檬酸合成酶}}
\begin{array}{c}
\text{COO}^- \qquad \text{CH}_3 \\
| \\
\text{C} = \text{O} \quad + \quad \text{COCoA} \\
| \\
\text{CH}_2 \\
| \\
\text{COO}^-
\end{array}
$$

柠檬酸　　　　　　　　草酰乙酸　　乙酸-CoA

裂合酶可脱去底物上某一基团而形成一个双键，或可相反地在双键处加入某一基团，重要的有醛缩酶、水化酶、脱氨酶等。

⑤ 异构酶　异构酶催化各种同分异构体的相互转化，其催化反应的通式为：

$$A \longrightarrow B$$

异构酶按照异构化的类型不同分为六个亚类，命名时分别在底物名称后加上异构酶、消旋酶、变位酶、表异构酶、顺反异构酶等，如木糖异构酶。

此类酶是为了生物代谢的需要而对某些物质进行分子异构化，分别进行外消旋、差向异构、顺反异构、酮醛异构、分子内裂解、分子内转移等。

⑥ 连接酶或合成酶　连接酶能催化与 ATP 分解相偶联并由两种物质合成一种物质的反应，其反应通式为：

$$A + B + ATP + H - O - H \longrightarrow AB + ADP + Pi$$

这类酶的系统命名是在两个底物的名称后面加上连接酶，如谷氨酸：氨连接酶等。连接酶关系着很多生命物质的合成，其特点是需要 ATP 等高能磷酸化合物作为结合能源。

知识拓展 变废为宝——生物脱墨

随着经济社会的发展，纸张使用量迅猛增长。生物脱墨是基于生物降解技术实现纸张脱墨的方法，可以使废纸重新利用，但是对纸张的要求比较高，需要成分稳定才能达到最好的效果。脱墨剂一般包括如下成分：脂肪酶、纤维素酶、淀粉酶等以及专用助剂（表面活性剂）。从资源重复利用和经济发展的角度来讲，废纸的循环利用有利于保护植被、减少树木的使用、保护我们的生存环境，因此对提高资源利用率和国民经济的可持续发展具有非常重要的意义。

1.4.1.3 酶的结构和功能

酶作为生物催化剂，与非酶催化剂相比，具有高效性、专一性、反应条件温和、可调节等特点。酶蛋白具有的特定空间构象是酶功能表达的基础。

（1）酶的高级结构是其发挥活性的基础

蛋白质的一级结构就是蛋白质多肽链中氨基酸残基的排列顺序（sequence），也是蛋白质最基本的结构。它是由基因上遗传密码的排列顺序所决定的。各种氨基酸按遗传密码的顺序，通过肽键连接起来，成为多肽链，故肽键是蛋白质结构中的主键。

蛋白质的二级结构是指多肽链的主链骨架经过螺旋、卷曲或折叠，并以氢键为主要的次级键所形成的空间结构，二级结构的主要形式有：α-螺旋、β-转角、β-折叠、无规卷曲等。

蛋白质的多肽链在各种二级结构的基础上再进一步盘曲或折叠形成具有一定规律的三维空间结构，称为蛋白质的三级结构。蛋白质三级结构的稳定主要靠氢键、疏水键、离子键以及范德华力等。这些次级键可存在于一级结构序号相隔很远的氨基酸残基的 R 基团之间，因此蛋白质的三级结构主要指氨基酸残基的侧链间的结合。次级键都是非共价键，易受环境中 pH、温度、离子强度等的影响，有变动的可能性。二硫键不属于次级键，但在某些肽链中能使远隔的两个肽段联系在一起，这对蛋白质三级结构的稳定起着重要作用。

具有两条或两条以上独立三级结构的多肽链组成的蛋白质，其多肽链间通过次级键相互组合而形成的空间结构称为蛋白质的四级结构。其中，每个具有独立三级结构的多肽链单位称为亚基（subunit）。四级结构实际上是指亚基的立体排布、相互作用及接触部位的布局。亚基之间不含共价键，亚基间次级键的结合比二、三级结构疏松，因此在一定的条件下，四级结构的蛋白质可分离为其组成的亚基，而亚基本身构象仍可不变。

（2）酶的活性部位

在酶蛋白分子上，酶的特殊催化能力只局限于酶分子的一定区域，也就是说，只有一些特异的氨基酸残基与酶的催化能力直接相关。这些氨基酸残基比较集中的区域，也就是酶分子中与酶活力直接相关的区域称为活性中心（active center）。酶的活性中心通常是整个酶分子中相当小的一个局部区域。组成活

酶的活性中心

性部位的氨基酸残基在一级结构上可能相距很远，甚至位于不同的肽链上，但在空间上彼此靠近，形成了具有催化功能的特定部位。虽然在酶分子中只有活性部位直接参与底物的结合，并催化底物进行反应形成产物，但活性部位以外的区域也是必不可少的，它们是活性部位形成的结构基础，对维持酶分子的空间构象和酶活性是必不可少的。就功能而言，酶的活性部位又可进一步划分为结合部位和催化部位。

① 结合部位　是指负责识别并特异性结合底物的部位，它决定了酶的底物专一性和亲和性。该部位一般只由几个到十几个氨基酸残基组成，有特定的空间排布。

② 催化部位　是指催化底物发生化学反应的部位，它决定了酶的催化专一性和催化速率。该部位一般由少数几个氨基酸残基（简单酶）和辅因子（结合酶）组成。

酶的结合部位与催化部位的划分不是绝对的，有时兼而有之。

活性部位中直接与底物结合以及直接催化底物反应的基团称为必需基团（essential group）。酶能否催化某种底物发生化学反应取决于该底物与结合部位结合得是否合适，这在很大程度上取决于整个活性部位的构象，而后者又取决于整个酶分子的构象。如胰凝乳蛋白酶是由三条多肽链通过二硫键连接并折叠而成的一个球形分子（图 1-1）。在该酶分子中，必需基团包括两部分，一部分是位于活性部位的第 57 位的组氨酸、102 位的天冬氨酸和 195 位的丝氨酸，它们的作用是负责与底物结合并催化底物转变成产物；另一部分是在活性部位以外的第 16 位异亮氨酸和 194 位的天冬氨酸，它们的作用是通过异亮氨酸的氨基和天冬氨酸的羧基之间的静电引力以维持酶蛋白及活性部位的空间构象。

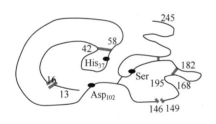

图 1-1　胰凝乳蛋白酶构象

（3）酶的调节部位

在有些酶分子中，除了活性部位外，还有一个或几个调节部位。酶的调节部位是指酶分子中可与效应物（effector），即非底物配体，非共价结合，并由此引起酶的催化活性改变的部位。酶的效应物非共价地结合到调节部位时，往往引起酶分子的构象发生微小的变化，这种变化可影响（或改变）活性部位的构象，从而影响酶的活性，即表现出调节功能。

（4）同工酶

同工酶（isoenzyme）是指催化的化学反应相同，酶蛋白的分子结构、理化性质乃至免疫学性质不同的一组酶。这类酶存在于生物的同一种属或同一个体的不同组织，甚至同一组织或细胞中。同工酶分布广泛，不仅存在于动物中，

同工酶

还存在于植物和微生物中。同工酶在不同组织器官中的含量与分布比例不同，使得不同的组织与细胞具有不同的代谢特点及同工酶谱。如 LDH1 在心肌细胞中含量最高，主要催化乳酸脱氢生成丙酮酸，有利于心肌细胞利用乳酸氧化功能；而 LDH5 在骨骼细胞中含量丰富，主要催化丙酮酸还原成乳酸，有利于骨骼肌进行糖酵解。

同工酶测定已成为临床诊断的一个重要组成部分。当某组织病变时，存在于这些组织中的特殊的同工酶就会释放出来，使同工酶谱发生改变，测定血清中相应同工酶谱能较准确地反映病变的部位和损伤的程度，有助于疾病诊断。如正常血清 LDH2 活性高于 LDH1，心肌梗死时细胞内 LDH1 大量释放到血液，使血清 LDH1 活性高于 LDH2，而肝细胞受损者血清中 LDH5 的活性升高。不同组织中 LDH 同工酶电泳图谱见图 1-2。

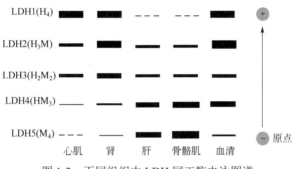

图 1-2　不同组织中 LDH 同工酶电泳图谱

此外，在生物学中，同工酶可用于研究物种进化、遗传变异、杂交育种、个体发育和组织分化等。如通过对地理分布不同的物种间某一同工酶谱的普查可以推测物种的地理来源。动、植物的遗传变异可通过子代和亲代同工酶谱的比较来鉴别。细胞杂交或植物杂交育种后是否出现新品种也可用同工酶谱的比较来确定。

体检报告中的酶

1.4.2　酶的催化特性及影响因素

酶是生物催化剂，具有降低反应活化能、不改变反应的平衡点以及用量少等催化剂共性。除此之外，酶还具有催化条件温和、催化效率高、催化专一性以及催化可调性等特点。

1.4.2.1　催化效率高

绝大多数的酶催化反应在常温、常压、近中性的 pH 等温和条件下进行，并且酶催化速率比一般催化剂速率高 $10^7 \sim 10^{13}$ 倍，如脲酶水解尿素的反应效率比酸水解尿素高 7×10^{12} 倍左右，这是由于酶催化可以使反应所需的活化能显著降低。底物分子要发生反应，首先要吸收一定的能量成为活化分子。活化分子进行有效碰撞才能发生反应，形成产物。在一定的温度条件下，1mol 的初态分子转化为活化分子所需的自由能称为活化能，其单位为焦耳/摩尔（J/mol）。酶催化和非酶催化反应所需的活化能有显著差别，酶催化反应比非酶催化反应所需的活化能要低得多。例如，过氧化氢（H_2O_2）分解为水和原子氧的反应，无催化剂存在时，所需的活化能为 75.24kJ/mol；以钯为催化剂时，催化所需的活化能为 48.94kJ/mol；而在过氧化氢酶的催化作用下，活化能仅为 8.36kJ/mol。

知识拓展 在全球范围内首次实现了二氧化碳到淀粉的人工合成

　　2021 年，中国科学院天津工业生物技术研究所所长马延和团队在 Science 上发表了颠覆性成果，在全球范围内首次实现了以二氧化碳为原料，不依赖植物的光合作用，直接人工合成淀粉，是基础研究领域的重大突破，该项成果领先全球。淀粉是食物中最重要的营养成分，也是重要的工业原料。天然淀粉合成途径是通过植物数亿年的自然选择进化而成，各个酶都能很好地适配协作，而人工设计的反应途径，却未必像植物那样完美实现。科研人员攻坚克难，采用"搭积木"的思维，模拟自然作物的光合作用，重新设计生命合成代谢过程，设计人工生物系统不依赖植物种植进行淀粉制造，最终成功实现了人工淀粉的实验室合成。

1.4.2.2　催化专一性强

　　酶催化的专一性是指一种酶只能作用于某一种或某一类特定的物质。酶对催化反应和反应物有严格的选择性。酶的专一性分为结构专一性和立体异构专一性。

　　结构专一性包括：a. 绝对专一性，酶只作用于一种底物，如脲酶，只能催化尿素水解成 NH_3 和 CO_2。b. 相对专一性，一种酶可作用于一类化合物或一种化学键，这种不太严格的专一性称为相对专一性，包括键专一性和基团专一性。键专一性的酶能够作用于具有相同化学键的一类底物，如脂肪酶（lipase）水解脂肪及酯类的酯键。基团专一性的酶则要求底物含有某种相同的基团，如胰蛋白酶选择性水解含有赖氨酰（或精氨酰）的羰基肽键。

　　立体异构专一性包括旋光异构专一性和几何异构专一性。如 L-乳酸脱氢酶具有旋光异构专一性特点，其底物只能是 L 型乳酸，而不是 D 型乳酸；延胡索酸水化酶只能催化反丁烯二酸水合成苹果酸，对其几何异构体——顺丁烯二酸无催化作用。至今已经先后提出如下两种关于酶专一性的假说。

　　① 锁钥学说　E.Fischer 于 1894 年提出了"锁钥学说"（Lock and Key Theory）。酶和底物结合时，底物的结构必须和酶活性部位的结构非常吻合，也就是说底物分子进行化学反应的部位与酶分子上活性中心的必需基因间具有严格互补的关系，就像锁和钥匙一样，二者才能紧密结合形成中间产物。由于时代技术和监测手段的局限，该学说不能解释酶催化的逆反应，产物和底物结构上存在着明显的差异性。

　　② 诱导契合学说　D. E. Daniel 于 1958 年提出了"诱导契合学说"（Induced Fit Hypothesis）。酶的活性中心的结构和底物的结构原来并不吻合，当两者接触时，酶分子在底物分子的诱导下，空间结构发生一定变化，使活性中心上的基团重新排列和定向，形成更适合与底物结合的空间结构。同时底物分子也发生一些互相适应的变化，变化后的酶和底物完全吻合，很快结合成中间产物。诱导契合学说对酶作用专一性的解释得到了人们普遍接受。

　　两种学说中酶和底物的结合示意图见图 1-3。

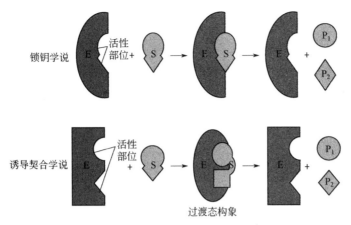

图 1-3　酶和底物的结合示意图

1.4.2.3　反应条件温和

酶催化反应可在常温、常压和中性 pH 条件下进行。通常动物组织中的酶的最适温度为 35～40℃，植物体内酶的最适温度为 40～50℃。不像一般催化剂需要高温、高压、强酸、强碱等剧烈条件，酶的催化反应是在比较温和的条件下进行的，如常温、常压、接近中性的 pH 等。

酶的催化作用

1.4.2.4　酶在机体中受到严格的调控

生命活动是各种各样的酶有序行使催化功能的现象，酶在机体中合成、存在和降解，酶进行催化反应的速率、时间、条件等，都要受到机体的严格调控。酶活性受调控对于维持机体的代谢网络，避免生物体原料和能源的浪费有重要的意义。例如当机体受到外界刺激作出相应的生理反应时，就会动员体内蛋白酶使原来不具有生理活性的某些多肽或蛋白质，迅速成为功能很强的相应产物，从而达到机体的防御、生存与繁殖的目的。酶工程所关注的是，在酶制剂的发酵生产中，如何控制酶在细胞中的合成，提高酶产量，控制代谢合成途径，降低生产成本。酶在催化底物反应生成产物的过程中，其催化效率主要与以下因素有关。

（1）邻近及定向效应

化学反应的规律是化学反应的速率与反应物的浓度成正比。但酶催化底物反应时，反应速率不但受底物浓度的影响，而且受两者正确的空间取向的影响。邻近效应是指酶与底物形成"酶-底物"复合物（ES）后，将酶与底物分子间的反应变成了分子内的反应，使得底物在酶的活性部位中的浓度极大地提高，从而极大地提高了酶促反应速率。底物分子进入酶的活性部位后，除了有邻近效应外，还有定向效应（orientation），即底物不但能结合在活性部位上，而且酶的催化基团还能与底物的反应键正确定向，从而加快了底物转变为产物的速率。可见，酶与底物的邻近及定向效应是影响酶催化效率的重要因素。对同一种酶，不同的底物有不同的邻近及定向效应，相应的催化效率也不同。显然，这种效应是酶所特有的，由此酶能使活化能降得更低，即比一般催化剂更有效。

（2）"张力"与"形变"作用

酶与底物结合过程中，一方面在底物的诱导下，酶活性部位的构象发生改变，以有利于与底物结合；另一方面，在酶活性部位基团的影响下，底物的价键发生形变或极化（底物中的敏感键的基团上的电子云重新分布），并调整底物中反应基团的位置与取向，使底物达到最佳反应状态，更加有利于形成稳定的过渡态，从而使酶具有高效率。底物发生形变后使底物与酶的结合更加紧密。例如：当酶与底物诱导契合时，酶与底物的构象都发生了微小的变化，有利于转变为过渡态，由此产生的作用力和反作用力加速了酶促反应的进行。

（3）活性部位的微环境

酶的活性部位往往处于酶分子表面向内部的凹穴处或裂缝中，被非极性或疏水性环境包围，这种微环境的介电常数通常较低，对底物与酶催化基团间的反应有利，可以加速底物生成产物。这种活性部位的微环境显然是一般非酶催化剂所不具有的。

（4）酸碱催化

酶的活性中心具有某些氨基酸残基的 R 基团，这些基团往往是良好的质子供体或受体，在水溶液中这些广义的酸性基团或碱性基团通过向反应物（作为碱）提供质子或从反应物（作为酸）夺取质子来加速反应。在所有的酸、碱催化基团中，以组氨酸（His）的咪唑基尤为重要，组氨酸的咪唑基的解离常数是 6.0，与生物体液 pH 较为接近，在中性条件下，有一半以酸形式存在，另一半以碱形式存在（既可作为质子供体，又可作为质子受体），且供出、接受质子十分迅速，既可以实现酸催化，又可以实现碱催化，因此咪唑基是酶的酸碱催化中最有效、最活泼的一个功能基团。

酶分子中可作为酸碱催化剂的功能基团见图 1-4。

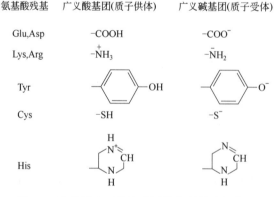

图 1-4　酶分子中可作为酸碱催化剂的功能基团

（5）共价催化

共价催化是指酶对底物进行的亲核、亲电子反应。某些酶能与底物形成共价结合的 ES 复合物，亲核的酶或亲电子的酶分别释放出电子或吸取电子，作用于底物的缺电子中心或负电中心，迅速形成不稳定的共价中间复合物，降低反应活化能，以加速反应进行。酶的共价催化中常见的形式是酶的亲核基团对底物的亲电基团的攻击，它们与亲核试剂与亲电试剂类似。例如酶分子中 Ser(Thr)-OH、Cys-SH、His 的咪唑基易发生亲核反应。

上述邻近及定向效应、底物形变和活性部位的微环境这 3 个因素为酶催化所特有的，也是酶催化高效性的基础，在此基础上，酶分子内的催化基团通过上述酸碱催化及共价催化方式，发挥了更大的催化效果。

1.4.3　酶反应动力学

酶反应动力学是研究酶反应的速率规律，以及各种因素对酶反应速率影响的科学。研究酶反应动力学对阐明酶作用机制和建立最优化的反应体系（包括酶反应器的设计选型和酶催化工艺）有重要意义。

影响酶反应速率的因素较多，有浓度因素（酶浓度、底物浓度、效应物浓度）、外部因素（温度、pH、离子强度、溶液的介电常数、压力等）、内部因素（酶的结构、底物和效应物的结构、载体等）等。

1.4.3.1　酶浓度对酶反应速率的影响

在一定温度和 pH 下，若反应系统中不含有抑制酶活性的物质及其他不利于酶发挥作用的因素，则当酶促反应在底物浓度大大超过酶浓度时，反应速率与酶的浓度成正比，即酶反应速率与酶浓度成直线的正比关系。酶浓度与反应速率的关系式：

$$v=k[E]$$

式中　v——反应速率；

　　　$[E]$——酶浓度；

　　　k——反应速率常数。

故酶浓度增加，反应速率增加。

1.4.3.2　底物浓度对酶反应速率的影响

在酶的浓度一定的条件下，底物浓度对酶反应速率的影响呈现为矩形双曲线，如图 1-5。在底物浓度很低时，反应速率随底物浓度的增加而急剧加快，两者成正比，表现为一级反应。随着底物浓度的升高，反应速率不再呈正比例加快，增加幅度不断下降。如果再继续加大底物浓度，反应速率不再增加，即酶已经达到饱和。所有的酶都有饱和现象，只是达到饱和时所需底物浓度各不相同而已。

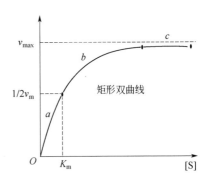

图 1-5　底物浓度对酶反应速率的影响
速度的三段变化：a—直线上升；
b—增加的程度降低；c—趋于不变

（1）米氏方程

$$v = \frac{v_{max}[S]}{K_m + [S]}$$

式中　v_{max}——酶促反应的最大速率，μmol/min；

　　　[S]——底物浓度，mol/L；

　　　K_m——米氏常数，mol/L；

　　　v——在某一底物浓度时相应的反应速率，μmol/min。

可以得出，当底物浓度很低时，[S]<<K_m，则 $v \approx v_{max}[S]/K_m$，反应速率与底物浓度成正比。当底物浓度很高时，[S]>>K_m，此时 $v \approx v_{max}$，反应速率达到最大值，即底物浓度再增高也不影响反应速率。

（2）米氏常数的意义

米氏常数（K_m）的物理意义是酶反应速率为最大值的一半时底物的浓度。米氏常数的单位为 mmol/L 或 mol/L。K_m 表示酶与底物亲和力的大小。K_m 值愈大，酶与底物的亲和力愈小；K_m 值愈小，酶与底物的亲和力愈大。酶与底物亲和力大，表示不需要很高的底物浓度，便可很容易地达到最大反应速率。

米氏常数

K_m 值是酶的特征性常数，只与酶的性质、酶所催化的底物和酶促反应条件（如温度、pH、有无抑制剂等）有关，而与酶的浓度无关。酶的种类不同，K_m 值不同，同一种酶与不同底物作用时，K_m 值也不同。各种酶的 K_m 值范围很广，一般在 $10^{-8} \sim 1$ mmol/L 之间。一些酶的 K_m 值见表 1-2。

表 1-2　一些酶的 K_m 值

酶	底物	K_m/(mol/L)
麦芽糖酶	麦芽糖	2.1×10^{-1}
过氧化氢酶	过氧化氢	2.5×10^{-2}
β-半乳糖苷酶	乳糖	4×10^{-3}
己糖激酶	果糖	1.5×10^{-3}
α-淀粉酶	淀粉	6×10^{-4}
琥珀酸脱氢酶	琥珀酸盐	5×10^{-7}

（3）K_m 值与米氏方程的用途

可由所要求的反应速率（应达到 v_{max} 的百分数）求出应当加入底物的合理浓度，也可根据已知底物浓度，求出该条件下反应速率。例如：如果要求反应速率达到 v_{max} 的 80%，其底物浓度应为：

$$v = v_{max}[S]/(K_m+[S])$$

$$80\%v_{max} = v_{max}[S]/(K_m+[S])$$

$$[S] = 4K_m$$

（4）K_m 值和 v_{max} 的求法

测定米氏常数的方法很多，其中用得最多的是双倒数法。

将米氏方程式 $v=v_{max}[S]/(K_m+[S])$ 两边取倒数得：

$$\frac{1}{v} = \frac{K_m}{v_{max}} \cdot \frac{1}{[S]} + \frac{1}{v_{max}}$$

以 $1/[S]$ 为横坐标，以 $1/v$ 为纵坐标作图，得到双倒数曲线图（图 1-6）。其中横轴截距为 $-1/K_m$，纵轴截距为 $1/v_{max}$。由图 1-6 可方便计算出 K_m 和 v_{max} 的值。

1.4.3.3 温度对酶反应速率的影响

酶对温度的变化极为敏感，随温度的升高，反应速率加快，但达到一定温度后，继续增加温度，酶反应速率反而下降。在一定范围内，反应速率达到最大时对应的温度称为酶促反应的最适温度，一般动物体内中的酶的最适温度为 35 ~ 40℃，植物组织酶的最适温度为 40 ~ 50℃，微生物体内各种酶的最适温度为 25 ~ 60℃，大多数酶加热到 60℃即已丧失活性。仅有极少数酶能耐稍高的温度，如细菌淀粉水解酶的最适温度为 90℃以上。

温度对酶促反应速率的影响见图 1-7。可以看出，随着温度升高，活化分子数增加，反应速率增加。而过高的温度使酶变性失活，反应速率下降。

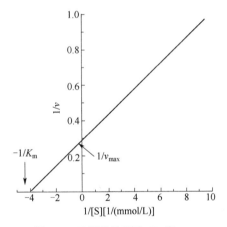

图 1-6 双倒数法测定 K_m 和 v_{max}

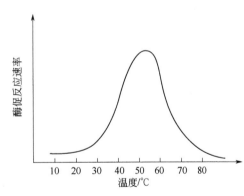

图 1-7 温度对酶促反应的影响

1.4.3.4 pH 对酶反应速率的影响

大多数酶的本质是蛋白质，具有两性电解质的性质。大多数酶的活性受 pH 影响显著，通常各种酶只在一定的 pH 范围内才表现出最大活性，同一种酶在不同的 pH 下所表现的活性不同，其表现活性最高时的 pH 称为酶的最适 pH。在进行酶学研究时一般都要绘制一条 pH 与酶活性的关系曲线，典型的酶反应速率-pH 曲线是较窄的钟罩形曲线（如图 1-8 所示）。但也有的

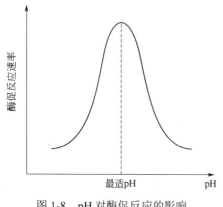

图1-8　pH对酶促反应的影响

酶反应速率-pH曲线并非一定呈钟罩形。如木瓜蛋白酶在一定的pH范围内酶反应速率几乎与pH变化无关，而胃蛋白酶和胆碱酯酶为钟罩形曲线的一半。

酶反应速率-pH曲线不仅可以了解反应速率随pH变化的情况，而且可以求得酶的最适pH。目前普遍认为pH对酶作用机制的影响主要有以下几个方面：pH过大或过小使酶变性失活；pH改变能影响酶分子活性部位上有关基团的解离；pH能影响底物的解离状态。

1.4.3.5　激活剂对酶反应速率的影响

凡能提高酶活性的物质，称为激活剂，激活剂通常分为三类：无机离子、中等大小分子和生物大分子。其中大部分激活剂是离子或简单的有机化合物。如Mg^{2+}是多种激酶和合成酶的激活剂，动物唾液中的α-淀粉酶则受Cl^-的激活。

通常，酶对激活剂有一定的选择性，且有一定的浓度要求，一种酶的激活剂对另一种酶来说可能是抑制剂，当激活剂的浓度超过一定的范围时，它就成为了抑制剂。如NaCl是唾液淀粉酶的激活剂，但当NaCl浓度达到1/3饱和度时就会抑制唾液淀粉酶的活性。

1.4.3.6　抑制剂对酶反应速率的影响

凡能使酶的活性下降而不引起酶蛋白变性的物质称为酶的抑制剂。通常抑制剂作用分为不可逆抑制和可逆抑制两类，见图1-9。

（1）不可逆抑制作用

抑制剂与酶反应中心的活性基团以共价形式结合，阻碍了底物的结合或者破坏了酶的催化基团，且不能用稀释或透析法除去抑制剂使酶恢复活性，引起酶的永久性失活。如有机磷杀虫剂能专一作用于胆碱酯酶活性中心的丝氨酸残基，使其磷酰化而不可逆地抑制酶的活性。这类物质又称为神经毒剂。当胆碱酯酶被有机磷杀虫剂

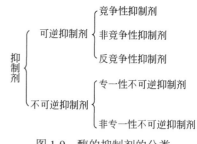

图1-9　酶的抑制剂的分类

抑制后，乙酰胆碱不能及时分解成乙酰和胆碱，引起乙酰胆碱的积累，使一些以乙酰胆碱为传导介质的神经系统处于过度兴奋状态，引起神经中毒症状。解磷定等药物可与有机磷杀虫剂结合，使酶和有机磷杀虫剂分离而复活。

（2）可逆抑制作用

抑制剂与酶以非共价键结合，用透析或超滤等物理方法除去抑制剂后，酶能恢复活性，即抑制剂与酶的结合是可逆的。这类抑制剂根据抑制剂与酶结合的情况，可分为以下三类：

① 竞争性抑制剂　抑制剂 I 与底物 S 结构相似，因而能竞争性地与酶的活性中心结合，从而阻碍底物与酶的结合，酶促反应速率降低，这种抑制作用称为竞争性抑制作用。抑制剂 I 和底物 S 对游离酶 E 的结合有竞争作用，相互排斥，已结合底物的 ES 复合体，不能再结合 I。同样已结合抑制剂的 EI 复合体，不能再结合 S（见图 1-10）。例如，丙二酸、苹果酸及草酰乙酸皆与琥珀酸的结构相似，是琥珀酸脱氢酶的竞争性抑制剂，可与琥珀酸脱氢酶结合。

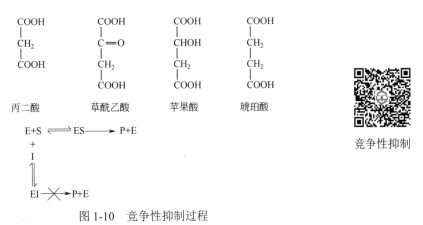

竞争性抑制

图 1-10　竞争性抑制过程

很多药物都是酶的竞争性抑制剂。例如磺胺药结构与对氨基苯甲酸相似，而对氨基苯甲酸、二氢蝶呤及谷氨酸是某些细菌合成二氢叶酸的原料，后者能转变为四氢叶酸，它是细菌合成核酸不可缺少的辅酶。由于磺胺药是二氢叶酸合成酶的竞争性抑制剂，可在二氢叶酸合成中取代对氨基苯甲酸，阻断二氢叶酸的合成（图 1-11）。这导致微生物的叶酸合成受阻，生命不能延续。采用抗菌增效剂——甲氧苄氨嘧啶（TMP）能特异地抑制细菌的二氢叶酸还原为四氢叶酸，故能增强磺胺药的作用。

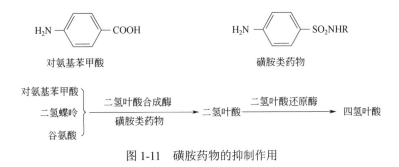

图 1-11　磺胺药物的抑制作用

竞争性抑制可以通过增大底物浓度，即提高底物的竞争能力来消除。它的动力学计算结果是：v_{max} 不变，表观 K_m 增大（见图 1-12）。

② 非竞争性抑制　抑制剂 I 和底物 S 结构相差很大，可同时独立地结合在酶的不同部位上，不存在竞争作用。抑制剂与酶结合后，酶仍可再与底物结合，但所形成的酶-底物-抑制剂三元复合物 ESI 不能进一步形成产物，造成酶的活性降低，这种抑制剂作用叫作非竞争性抑制。

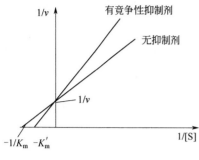

图 1-12　竞争性抑制的双倒数曲线

抑制剂 I 和底物 S 与酶 E 的结合完全互不相关，既不排斥，也不促进结合，抑制剂 I 可以和酶 E 结合生成 EI，也可以和 ES 复合物结合生成 ESI。底物 S 和酶 E 结合生成 ES 后，仍可与抑制剂 I 结合生成 ESI，但一旦形成 ESI 复合物，便不能形成产物 P（见图 1-13）。与竞争性抑制作用不同，非竞争性抑制作用不能通过提高底物浓度的方法消除抑制作用。它的动力学计算结果是：v_{max} 降低，表观 K_m 不变（见图 1-14）。

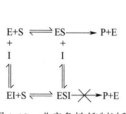

图 1-13　非竞争性抑制过程

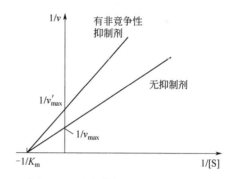

图 1-14　非竞争性抑制双倒数曲线

③　反竞争性抑制　抑制剂 I 不能与游离酶结合，但可与 ES 复合物结合，并阻止产物生成，使酶的催化活性降低，ESI 同样也不能分解为产物，这种抑制作用称为反竞争性抑制（见图 1-15）。它的动力学计算结果是 v_{max} 降低，表观 K_m 降低，v_{max}/K_m 不变（见图 1-16）。

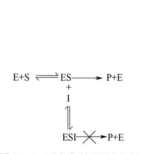

图 1-15　反竞争性抑制过程

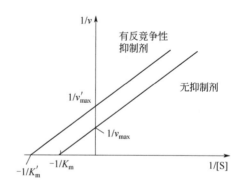

图 1-16　反竞争性抑制双倒数曲线

练习题

1. 填空题

（1）书写米氏方程：_____。

（2）要使酶促反应速率达到最大反应速率的 80%，则[S]应为_____K_m。

（3）＿＿＿＿＿＿＿＿＿称为酶的抑制剂。

（4）通常酶的抑制作用分为＿＿＿＿和＿＿＿＿。

（5）抑制剂与酶以非共价键结合，用透析或超滤等物理方法除去抑制剂后，酶能恢复活性，即抑制剂与酶的结合是可逆的。这类抑制剂根据抑制剂与酶结合的情况，可分为＿＿＿＿、＿＿＿＿和＿＿＿＿三类。

2. 选择题

（1）下列哪一项不是酶催化作用的特点？（　　　）

A．催化作用的高效性　　　　　　　　　　B．催化作用的专一性

C．催化作用的条件温和　　　　　　　　　D．催化过程不可调控性

（2）在一定范围内，反应速率达到最大时对应的温度称为酶促反应的（　　　）。

A．最适温度　　　　B．最高温度　　　　C．最低温度　　　　D．标准温度

（3）以下酶催化反应中需要 ATP 作为结合能源的是（　　　）。

A．连接酶　　　　B．裂合酶　　　　C．转移酶　　　　D．氧化还原酶

（4）以下可逆抑制作用类型中可通过增大底物浓度消除的作用是（　　　）。

A．竞争性抑制作用　　　　　　　　　　　B．非竞争性抑制作用

C．反竞争性抑制作用　　　　　　　　　　D．以上都不对

3. 简答题

（1）酶催化有哪些特点？酶对环境的敏感性表现在哪些方面？

（2）国际酶学委员会（EC）制定的"国际系统分类法"对酶分类和命名规则的依据原则是什么？

（3）酶的辅因子分为哪几类？它们在酶催化反应中起哪些作用？

（4）米氏方程如何表征反应的级别？米氏常数 K_m 能说明酶促反应的哪些重要特性？米氏常数的意义是什么？

（5）酶的抑制剂分为哪些类型？每种抑制剂有什么特点？

2 酶的生产

✈ **项目导读**

    微生物细胞发酵产酶主要包括产酶微生物的筛选、产酶菌种的活力保存、酶发酵工艺条件及控制以及全过程酶活力的分析及监测。通过所学内容完成产酶菌株的筛选和分离，并优化菌株发酵产酶的工艺条件。优良菌种的筛选不仅能提高酶制剂的产量、发酵原料的利用率，而且与缩短发酵周期、改进发酵和提取工艺条件密切相关。

📖 **学习目标**

知识目标	能力目标	素质目标
1．掌握产酶微生物的筛选步骤。	1．能够制订产酶菌株的筛选方案。	1．弘扬劳动光荣、技能宝贵、创造伟大的工匠精神和时代风尚。
2．掌握微生物发酵产酶的影响因素。	2．能够优化产酶菌株发酵的工艺条件。	2．培养学生安全规范操作意识、环境保护意识，树立绿色化工和可持续发展理念。
3．熟悉菌株的发酵产酶条件优化。	3．能够正确测定酶活力和比活力。	3．培养学生分析、思考、总结的工作态度和团结协作的精神
4．了解生物分子遗传学鉴定的方法与技术	4．能够根据不同菌种选用适合的菌种保藏方法	

2.1 任务书 产纤维素酶菌株的筛选和发酵产酶

2.1.1 工作情景

    某生物技术公司近期筛选一株可以降解纤维素的菌株用于纤维素底物类物质的糖化酶解，需要制订纤维素降解菌株筛选方案，完成菌株保存并进行菌株生物分子遗传学鉴定，优化该菌株发酵产纤维素酶的相关工艺条件，确保其能够高效降解含纤维素的底物。

2.1.2 工作目标

    1．能够制订从目标土壤中分离产纤维素酶菌株的方法。

2．掌握微生物发酵产酶的影响因素，能在教师指导下优化菌株发酵产酶的工艺条件。

3．在教师的指导下，了解生物分子遗传学鉴定的方法与技术。

2.1.3　工作准备

2.1.3.1　任务分组

学生任务分配表

班级		组号		指导教师	
组长		学号			
组员		姓名	学号	姓名	学号

任务分工

问题反馈

2.1.3.2　获取任务相关信息

（1）查阅资料，学习基础知识。解释什么是纤维素酶？其主要应用在哪些领域？

（2）查阅相关背景资料，写出产酶菌株筛选的步骤。

（3）查阅相关背景资料，写出纤维素酶活力测定步骤。

_____

_____

_____

（4）查阅资料，写出从土壤中筛选纤维素酶菌株的步骤。

2.1.3.3 制订工作计划

按照收集信息和决策过程，填写工作计划表、试剂使用清单、仪器使用清单和溶液制备清单。

工作计划表

步骤	工作内容	负责人	完成时间
1	产纤维素酶菌株的筛选		
2	产纤维素酶菌株的鉴定		
3	产纤维素酶菌株发酵产酶条件的优化		
4	产纤维素酶菌株的保藏		

试剂使用清单

序号	试剂名称	分子式	试剂规格	用途

仪器使用清单

序号	仪器名称	规格	数量	用途
1	隔水式恒温培养箱			
2	数显温控磁力搅拌器			
3	超净工作台			

溶液制备清单

序号	制备溶液名称	制备方法	制备量	储存条件

隔水式恒温培养箱　　　　　数显温控磁力搅拌器　　　　　超净工作台

2.2　工作实施

检查该项目任务准备情况，确定实施时间以及主要流程，实施任务。

2.2.1　产纤维素酶菌株的筛选

（1）根据筛选的目的菌株，选择合适的土壤区域。记录土壤区域的选择及采集样本步骤。

（2）制备采样土壤浸提液，并记录工作步骤。

2.2.2　产纤维素酶菌株的鉴定

（1）初筛培养基的制备，记录工作步骤。

（2）平板鉴别培养基的制备，记录工作步骤。

（3）写出发酵复筛培养基的组成。

（4）查阅资料，简要说明以滤纸崩解测试筛选产纤维素酶菌株的过程。

（5）小组讨论，阐述刚果红平板分离获得纤维素可降解菌的原理。

记录刚果红平板分离过程。

刚果红平板分离记录表

菌株	滤纸崩解	崩解时间	有无透明圈	透明圈大小/mm	透明圈直径/菌落直径

（6）思考并书写目标菌株复筛的重要性和筛选过程。

（7）测定纤维素酶活力。

① 绘制葡萄糖标准曲线。

葡萄糖标准曲线数据记录

试剂	管号								
	0	1	2	3	4	5	6	7	8
葡萄糖标准溶液/mL									
蒸馏水/mL									
3,5-二硝基水杨酸/mg									
A_{540}									
折算相当的葡萄糖的量/mg									

② 利用 DNS 法测定纤维素酶活力，记录工作步骤。

(8) 查阅资料，思考不同种属的微生物提取基因组 DNA 的方法并记录。

(9) 在教师的指导下，简要阐述菌株的 16S rRNA 基因序列测定过程。

记录 PCR 反应体系。

PCR 反应体系

成分	1 号	2 号	3 号	4 号	5 号
超纯水					
引物 1					
引物 2					
模板 DNA					
酶预混液					
总体积/mL					

记录菌株 16S rRNA 基因的 PCR 扩增条件。

PCR 扩增条件记录

过程温度	1 号	2 号	3 号	4 号	5 号
预变性					
变性					
退火					
延伸					
循环次数					
充分延伸					
保存					

记录不同 PCR 条件反应液。

不同 PCR 条件反应液

	条件	1 号	2 号	3 号	4 号	5 号
附电泳图	条带数					
	条带大小					
	预期结果					
	是否符合预期					

（10）菌株的 16S rDNA 基因序列分析。

① 在教师的指导下查询美国国家生物信息中心（NCBI）数据库比对序列，并记录下来。

② 在教师的指导下确定构建进化树的方法。

③ 分析并记录进化分类地位。

2.2.3　产纤维素酶菌株发酵产酶条件的优化

（1）测定菌株的生长曲线，写出绘制生长曲线的意义。

① 记录数据。

菌体量随培养时间的变化数据记录

培养时间/h	菌体量（OD_{600}）		
	平行数值 1	平行数值 2	平行数值 3
0			
2			
4			
8			
12			
16			
24			
32			
40			
48			

注：OD_{600} 为菌液在波长 600nm 处的吸光值。

② 绘制菌株的生长曲线。

(2) 查阅资料，思考哪些发酵条件对菌株产酶过程有影响?

① 菌株准备，进行工作记录。

② 分析并记录发酵培养基对菌株产酶的影响。

③ 分析并记录发酵条件对菌株产酶的影响。

2.2.4 产纤维素酶菌株的保藏

（1）查阅资料，思考超低温甘油保藏菌株的依据和方法。

（2）超低温甘油保藏目的菌株，记录工作步骤。

2.3 工作评价与总结

2.3.1 个人与小组评价

（1）评价该产纤维素酶菌株降解纤维素底物的酶解得率，考察其能否高效降解纤维素。

（2）和小组成员分享工作的成果。

以小组为单位，运用 PPT 演示文稿、纸质打印等形式在全班展示，汇报任务的成果与总结，其余小组对汇报小组所展示的成果进行分析和评价，汇报小组根据其他小组的评价意见对任务进行归纳和总结。

根据工作任务实施过程，进行总结和分享:

个体评价与小组评价表

考核任务	自评得分	互评得分	最终得分	备注
产纤维素酶菌株的筛选				
产纤维素酶菌株的鉴定				
产纤维素酶菌株发酵产酶条件的优化				
产纤维素酶菌株保藏				

总结与反思

学生改错	学生学会的内容

学生总结与反思:

2.3.2　教师评价

按照客观、公平和公正的原则，教师对任务完成情况进行综合评价和反馈。

教师综合反馈评价表

评分项目			配分	评分细则	自评得分	小组评价	教师评价
职业素养（55分）	纪律情况（15分）	不迟到，不早退	5分	违反一次不得分			
		积极思考，回答问题	5分	根据上课统计情况得1~5分			
		有书本、笔记及项目资料	5分	按照准备的完善程度得1~5分			
	职业道德（20分）	团队协作，攻坚克难	10分	不符合要求不得分			
		认真钻研，有创新意识	10分	按认真和创新的程度得1~10分			
	5S（10分）	场地、设备整洁干净	5分	合格得5分，不合格不得分			
		服装整洁，不佩戴饰物，规范操作	5分	合格得5分，违反一项扣1分			
	职业能力（10分）	总结能力	5分	自我评价详细，总结流畅清晰，视情况得1~5分			
		沟通能力	5分	能主动并有效表达沟通，视情况得1~5分			
核心能力（45分）	撰写项目总结报告（15分）	问题分析，小组讨论	5分	积极分析思考并讨论，视情况得1~5分			
		图文处理	5分	视准确具体情况得5分，依次递减			
		报告完整	5分	认真记录并填写报告内容，齐全得5分			
	编制工作过程方案（30分）	方案准确	10分	完整得10分，错项漏项一项扣1分			
		流程步骤	5分	流程正确得5分，错一项扣1分			
		行业标准、工作规范	5分	标准查阅正确完整得5分，错项漏项一项扣1分			
		仪器、试剂	5分	完整正确得5分，错项漏项一项扣1分			
		安全责任意识及防护	5分	完整正确，措施有效得5分，错项漏项一项扣1分			

2.4 知识链接

产酶菌株的
筛选

2.4.1 产酶微生物的筛选

2.4.1.1 产酶微生物的筛选原则

微生物来源的酶是工业应用酶的最主要来源，约占整个生物催化剂来源的 80%以上。微生物是世界上种类最多、分布最广的生物种类，它的多样性保障了微生物源生物催化剂的多样性。微生物源生物催化剂的筛选，无论是酶还是细胞，关键在于对能产生所需要酶的微生物菌株进行筛选。产酶微生物可以从国内外各菌种保藏机构所保存的已知菌株中进行筛选，也可以从自然界直接筛选。

一般产酶微生物筛选的原则包括：能够通过发酵在短时间内高产目标酶；微生物生产酶的原料易获得且便宜；微生物酶的专一性高，副产物少；所采用的微生物不产生有害物质，安全性高；微生物的遗传稳定性好，可以重复稳定地获得微生物酶。微生物酶的来源主要有市场供应的酶库、研究人员自己采集的微生物菌株、微生物保藏库、基因克隆库等，这些资源是筛选新酶的物质基础。值得注意的是，自然界中大约95%的微生物菌株不能够在实验室里培养。因而，绝大多数环境微生物的生理学潜力不能用传统的筛选方法获得。

目前投入工业发酵生产酶的生产菌种包括细菌、放线菌、酵母菌、霉菌等（表 2-1）。

表 2-1　工业用部分主要酶的生产菌种

微生物类别	菌名	产生的酶	用途
细菌	枯草芽孢杆菌	淀粉酶	酒精与啤酒工业、洗涤剂、糊精加工、纺织品脱浆等
		蛋白酶	生丝脱胶、皮革脱毛、胶卷回收、酱油酿造等
	大肠杆菌	L-天冬酰胺酶	治疗白血病
		青霉素酰化酶	制取新青霉素的母核 6-氨基青霉素烷酸
		谷氨酸脱羧酶	测定谷氨酸含量、生产 γ-氨基丁酸
		氨基苄青霉素酰化酶	生产新的半合成青霉素或头孢霉素
		β-半乳糖苷酶	分解乳糖
	异型乳酸杆菌	葡萄糖异构酶	葡萄糖制果糖
	短小芽孢杆菌	碱性蛋白酶	皮革脱毛
	产气杆菌	异淀粉酶	水解淀粉的 α-1,6-糖苷键

微生物类别	菌名	产生的酶	用途
酵母菌	解脂假丝酵母	脂肪酶	绢丝原料脱脂、洗涤剂、医药、乳品增香
	啤酒酵母、假丝酵母	转化酶	制造转化糖
霉菌	点青霉	葡萄糖氧化酶	食品加工中食品去氧、除葡萄糖，作试剂测定葡萄糖
	橘青霉	5'-磷酸二酯酶	水解核酸生产四种 5'-核苷酸、医药、食品、助鲜剂
	河内根霉	淀粉葡萄糖苷酶	制葡萄糖
	红曲霉	葡萄糖淀粉酶	制葡萄糖
	黑曲霉	酸性蛋白酶	毛皮软化、啤酒澄清、医药、羊皮染色
	土褐曲霉	蛋白酶	制蛋白胨、皮革脱毛、毛皮软化
放线菌	微白色放线菌	蛋白酶	皮革脱毛

2.4.1.2　产酶微生物的筛选方法

（1）传统筛选方法

筛选酶基因最常用的途径是从自然界筛选产酶菌株。首先用特定底物对收集来的微生物进行富集，然后从中分离出具有较高催化能力的菌株，接下来利用分子生物学的手段从菌株中获得相应的酶基因。必要时可以在工程菌中表达所得的酶基因以获得较高的产量。因此，菌株的筛选通常从搜寻与酶功能相关的环境开始。在这些特定的环境，如热泉、冰川、化工厂的废水池中，由于特定选择压力的存在，适合这些环境的微生物得到了富集。从自然界分离菌株通常需要经过一个富集的过程。富集是一个给特定的微生物提供合适的生长环境，同时对其他微生物的生长进行抑制的过程。对生长培养基配方的控制经常被用来筛选具有所需特征的菌株。此外，调整 pH 也是筛选菌株的一个有效的手段。碱性的培养基常用来筛选嗜碱性的菌株。用这种方法，研究人员可从不同的环境中筛选出多种嗜碱性菌株。这些菌株可生产各种嗜碱酶，包括蛋白酶、淀粉酶、纤维素酶、脂肪酶、木聚糖酶等。这些耐碱性酶在洗涤、造纸、食品加工等领域有巨大的应用价值。同样地，利用酸性培养基可筛选出一系列嗜酸酶。温度的控制也是常用的酶筛选策略之一，由此所得的菌株具有对极冷或者极热条件的适应能力，由这些菌株生产的酶在极端温度下可以保持较高的活性，例如耐热酶在水果和蔬菜的加工、淀粉的加工、手性醇的生产中已得到应用。在医药生产中，具有耐热特性的固定化青霉素酰化酶已经得到了大规模的应用。此外菌株的筛选需要对目标菌株的代谢特征有一定的了解。

（2）基于宏基因组学的筛选

传统的酶基因发掘技术依赖于微生物分离和培养，未培养微生物中的基因资源用传统方法很难有效地开发利用。宏基因组技术有效地弥补了传统基因发掘技术的缺陷，使可培养和未培养微生物的遗传物质均可利用，因此具有较大的技术优势。基于宏基因组学的筛选方法包括以下几个步骤：①从环境样品中提取微生物 DNA，克隆到合适的表达载体。②转化到易于培养的细菌。③分离理想的克隆，对酶活性进行鉴定和表征。基于宏基因组学的筛选方法通常依赖于两种策略：基于功能的筛选和基于序列的筛选。迄今为止，这两种策略都发现了相当数量具有新颖功能的酶。

2.4.2　产酶菌种的活力保存

2.4.2.1　产酶菌种的保藏

获得的高产菌株必须得到妥善保藏，这是酶发酵生产中一个很重要的工作。保藏的目的是用适当的方法妥善保藏，使之不死、不衰、不变异、不污染，在长时间内保持原有的生产性状和生命活力，从而保证优良菌种产酶的良好重复性，保证生产应用的持续高产。菌种保藏方法包括定期移植保藏法、砂土管保藏法、矿物油保藏法、冷冻真空干燥保藏法、液氮超低温保藏法等。

（1）定期移植保藏法

定期移植保藏法也称传代培养保藏法，包括斜面培养、穿刺培养、液体培养等。其是指将菌种接种于适宜的培养基中，在最适条件下培养，待生长充分后，于 4～6℃进行保藏并间隔一定时间进行移植培养的菌种保藏方法。此方法简便易行，存活率高，不需要特殊设备，能随时观察所保藏的菌株是否死亡、变异、退化或污染。细菌、酵母菌、放线菌、霉菌都可使用这种保藏方法，保藏时间可达 3～6 月。

（2）砂土管保藏法

砂土管保藏法是载体保藏法中的一种。将成熟孢子刮下接种于灭菌的砂土管中，使微生物细胞或孢子充分吸附在砂土载体上，塞好棉塞放入盛有干燥剂的真空干燥器内，用真空泵抽干水分。抽真空时间越短越好，以免孢子萌发。抽干的砂土管用无菌勺子从每个种抽取 1 支回接于斜面培养基上，进行培养，观察生长情况和有无杂菌生长。

（3）矿物油保藏法

矿物油保藏法也称液体石蜡保藏法，该法保藏菌种比较简便易行，是定期移植保藏的辅助方法。具体过程是将菌株接种至适宜的斜面培养基上，在最适条件下培养至菌种长出健壮菌落后注入灭菌的液体石蜡，使其覆盖整个斜面，再直立放置于低温（4~6℃）干燥处进行保存。覆盖液体石蜡的目的是抑制生物代谢，推迟细胞老化，防止培养基水分蒸发，以延长微生物的寿命。利用此法保存某些细菌（如芽孢杆菌属、醋酸杆菌）和某些丝状真菌（如青霉属、曲霉属）效果很好，保藏时间可达2~10年。

（4）冷冻真空干燥保藏法

冷冻真空干燥保藏法也称低压冷冻干燥法，是指液体样品在冻结状态下减压，利用升华作用除去水分，使细胞的生理活动趋于停止，从而长期维持存活状态。根据文献记载，此法自建立到目前为止，除不生孢子只产菌丝体的丝状真菌外，对其他各类微生物如细菌、放线菌、酵母菌、丝状真菌等的保藏都具有良好的效果。冷冻真空干燥机如图2-1所示。

（5）液氮超低温保藏法

液氮超低温保藏法是将保存的菌种用保护剂制成菌悬液密封于安瓿管内，控制速度冻结后，储藏在-150~-196℃的液氮超低温冰箱中。这是鉴于有些微生物用冷冻真空干燥法保存不易成功，采用其他方法也不易较长时间保存，受到用液氮冰箱储藏冻结精子和血液等先例的启发，发展而成的一种保藏方法。它的原理是利用微生物在-130℃以下新陈代谢趋于停止的特性进行有效保藏。这种方法已被国外某些菌种保藏机构作为常规的方法应用。其操作程序并不复杂，关键是需要液氮冰箱（图2-2）等设备。

图2-1　冷冻真空干燥机

图2-2　液氮冰箱

2.4.2.2　产酶菌种的退化和复壮

微生物在菌种保藏或发酵生产过程中常常面临菌种退化的问题，尤其是在酶的工业化生产中，菌种退化是个共性问题。所以，如何保持菌种优良性状的稳定十分重要。

（1）菌种的退化现象

菌种退化通常是指在较长时期传代保藏后，菌种的遗传特性发生改变，一个或多个优良性状逐渐减退、消失，菌体或菌落形态特征改变的现象。常见的菌种退化在形态上表现为产孢子能力衰退或菌落颜色的改变等，而在生理上表现为菌种发酵能力的降低、产物产量下降或抗噬菌体能力减弱等。

（2）菌种退化的实质

① 基因突变　菌种的遗传性状是相对稳定的，但也有一定的概率发生突变。菌种退化的主要原因是相关基因的负突变。如果与产量相关的基因发生负突变则可能会引起产量下降，处于生长旺盛状态的细胞比休眠状态细胞发生突变的概率大得多。例如，在发酵生产中常用的营养缺陷型突变株，如果发生负突变就会导致产量下降。

② 变异菌株性状分离　菌株的性状分离也会引起高产性状的丧失。在菌种筛选工作中经常遇到初筛摇瓶产量很高，复筛产量逐渐下降而被淘汰的现象，这在霉菌中更为常见，是一种广义的退化现象。当诱变的单菌落是由多个孢子或细胞形成，而其中只有一个或少数几个孢子或细胞高产时，在传代过程中，高产菌株比例会逐渐降低，产量随之下降。

③ 连续传代　连续传代是加速菌种退化的直接原因。个别细胞优良性状的改变不足以引起菌种退化，但经过多次传代，退化细胞在数量上不断增加并最终占据优势，于是退化性状表现逐步明朗化，最终成为退化菌株。

④ 其他因素　如温度、湿度、培养基成分及各种培养条件都会引起菌种的基因突变。例如，在保藏菌种中基因突变率随温度降低而下降。

（3）菌种退化的防治措施

① 控制传代次数　基因突变往往发生在复制过程中，复制的次数越多，发生基因突变的概率越大。因此应该尽量避免不必要的接种和传代，把传代次数控制在最低水平，以降低突变概率。

② 选择合适的培养条件　培养条件对菌种衰退具有一定的影响，选择一个适合菌种生长的条件可以防止菌种衰退。另外，生产上应避免使用陈旧的斜面菌种。

③ 利用孢子进行传代　对于放线菌和霉菌，由于它们的菌丝细胞常含有许多核，甚至是异核体，因此用菌丝接种时就会出现衰退和不纯的子代。而孢子一般是单核的，利用孢子来接种，可以达到防止衰退的目的。

④ 选择合适的保藏方法　正确的菌种保藏方法可以大大降低菌种的衰退概率。由于菌种衰退的情况不同，有些衰退原因尚不明确，因此要想切实解决具体问题，需根据实际情况，通过实验正确地选择保藏方法。

2.4.2.3　退化菌种的复壮

对已经退化的菌种，重新恢复其原来的优良性状，称之为复壮，常用的复壮方法是对已退化菌株进行分离纯化，淘汰已退化菌株而使菌株得以复壮。例如，对于已退化的产 5'-磷酸二酯酶的橘青霉菌种 *Penicillium citrinum* ST817，可以通过菌种活化、制备孢子悬浮液、中间培养、初筛与复筛等过程，从退化群体中找出未退化个体，恢复菌种原有的典型性状。

2.4.3 酶发酵工艺条件及控制

超净工作台

酶的发酵生产除了需要选择生产性能优良的产酶菌株外，还必须有合适的营养条件，并控制好发酵的工艺条件，以满足细胞生长、繁殖和产酶的需要。

2.4.3.1 培养基的营养成分

培养基的营养成分是微生物生长和发酵产酶的原料，不同微生物、同种微生物的不同培养阶段、同种微生物所产酶种类的不同其所需的营养条件不尽相同。但培养基主要成分基本相同，主要是碳源、氮源，其次是无机盐、生长因子和产酶促进剂等。

（1）碳源

碳源是指能够为细胞提供含碳化合物的营养物质。碳是构成菌体细胞的主要元素，是构成酶骨架的元素，还是菌体生命活动所需能量的主要来源。在配制培养基时，根据细胞的营养要求不同而选择不同的碳源。目前，酶制剂生产上使用的菌种大都是只能利用有机碳的异养型微生物，大多数微生物利用的有机碳主要是淀粉或其水解产物。如农副产品中的玉米、甘薯、麸皮、米糠等淀粉质的原料及一些野生的如土茯苓、橡果、石蒜等淀粉质原料。此外，某些嗜石油微生物能以石油烃类中 $C_{12\sim16}$ 的成分作为碳源生产蛋白酶、酯酶。

（2）氮源

氮元素是生物体内各种含氮物质如氨基酸、蛋白质、核苷酸、核酸等的组成成分，是酶制剂生产的原料。酶制剂生产中的氮源有两种：一种是有机态氮，主要是各种蛋白质及其水解产物，常利用农产品的籽实榨油后的副产品（如豆饼、花生饼、菜籽饼等）以及蛋白胨、牛肉膏、尿素、蛋白质水解液等作为氮源；另一种是无机态氮，是各种无机含氮化合物，如 $(NH_4)_2SO_4$、NH_4Cl、NH_4NO_3 和 $(NH_4)_3PO_4$ 等。

氮源对发酵的影响较大。①不同微生物对氮源要求不同，所以应根据其对氮源的要求来进行选择和组合。②应注意培养基中碳和氮的比例，即碳氮比（C/N），所谓的碳氮比是指培养基中碳元素的总量与氮元素的总量之比，可以通过测定和计算培养基中的碳元素和氮元素含量获得。碳氮比对酶的产量有显著影响，适当增大氮源的比例能使酶产量提高。③有的氮源及其浓度如氨基酸浓度变化对酶发酵有调节代谢作用。

（3）无机盐

无机盐主要是指细胞生命活动所必不可缺的各种无机元素，因此产酶培养基常需添加一定量的无机盐。根据需要量的大小不同可分两类：一类为主要（大量）元素，如磷、硫、钾、镁、钙、钠等；另一类为微量元素，如铁、铜、锌、锰、钴等。微量元素需要量微少，若过量会对微生物生命活动产生不良影响，所以微量元素的含量必须严格控制。

不同无机元素在细胞代谢中的作用不同。有些元素是蛋白质（包括酶）和核酸的主要组成元素，有些参与细胞的组成、细胞能量代谢、调节细胞膜的通透性、酶的激活等，并对培养基的 pH、氧化还原电位和渗透压起调节作用。其中磷是特别重要的元素，它是构成核酸和磷脂的成分，参与所有的能量转移过程（ATP、GTP），还是许多酶的组成成分。常用的补磷剂：KH_2PO_4、K_2HPO_4、Na_2HPO_4、$(NH_4)_2HPO_4$、H_3PO_4。微量元素有的是某些酶组成成分，有的是酶的激活剂，有的是辅酶的必需成分。天然原料中常已存在，一般无需另外加入。

（4）生长因子

细胞生长繁殖不可缺少的微量有机化合物，如氨基酸、维生素、嘌呤、嘧啶、激素等统称为生长因子。氨基酸是蛋白质的组分；嘌呤、嘧啶是核酸和某些辅酶或辅基的组分；维生素主要起辅酶作用。有的细胞可以通过自身的新陈代谢合成所需的生长因子，有的细胞属营养缺陷型细胞，本身缺少合成某一种或某几种生长因子的能力，需要在培养基中添加所需的生长因子，细胞才能正常生长、繁殖。在产酶菌的培养过程中，如果添加含有某种生长因子的物质，常可使酶产量大大提高。酶制剂生产中所需的生长因子，大多是由天然原料及其水解物提供，如玉米浆、麦芽汁、豆芽汁、酵母膏、麸皮水解液等。目前广泛采用玉米浆作为提供生长因子的原料。

（5）前体物质、促进剂和抑制剂

在产物合成过程中，被菌体直接用于产物合成而自身结构无显著改变的物质称为前体物质。前体物质能明显提高发酵的产量，如在青霉素发酵过程中，加入苯乙酸或苯乙酰胺不但可使青霉素 G 的比例大大增加（占青霉素总量的 99%），而且还能提高青霉素的总产量，这主要是因为苯乙酸或苯乙酰胺是青霉素 G 合成过程的前体物质。虽然合适的前体物质能大幅度地提高目的产物的产量，但一次添加浓度不宜过大，有的前体物质超过一定的浓度时，将对菌体的生长产生毒副作用，故一般发酵过程中，前体的添加过程都是流加方式。

在氨基酸、抗生素和酶制剂生产中，可以在培养基中加入某些对发酵起一定促进作用的物质，这些物质称为促进剂或刺激剂；或者加入某些对发酵副产物起一定抑制作用的物质，称为抑制剂。

在酶制剂发酵过程中，某些诱导物、表面活性剂及其他一些产酶促进剂，可以大大增加菌体的产酶量。除了诱导物外，有些生长调节剂也能作为促进剂促进抗生素的合成。一般常用的促进剂包括吐温、大豆乙醇提取物、植酸、洗涤剂等。

2.4.3.2 发酵条件的控制

（1）温度

温度是影响细胞生长繁殖和发酵产酶的重要因素之一。

锥形瓶的包扎　　灭菌锅的使用

通常在生物学范围内每升高 10℃，生长速度就加快一倍，所以温度直接影响代谢反应。对于微生物来说，温度直接影响其生长和酶的合成。另外，温度还影响酶合成后的稳定性。

只有在合适的温度范围内，细胞才能正常生长、繁殖和维持正常的新陈代谢。不同的微生物细胞有各自不同的最适生长温度。例如，酱油曲霉生产蛋白酶，28℃的温度条件下的蛋白酶产量比 40℃条件下的蛋白酶产量要高 2~4 倍；但若温度太低，则由于代谢速度缓慢，延长发酵周期，反而会使酶的产量降低。所以最佳产酶温度必须通过试验，综合考虑加以确定。对于生长和发酵过程温度要求不同的微生物细胞，在酶的发酵生产过程中，温度要分段控制，以便于细胞的快速生长和酶的大量产生，提高酶产量，缩短发酵周期。

发酵过程温度会发生变化，其变化主要是由微生物代谢活动以及发酵中的通风、搅拌所引起的。在发酵初期，合成反应吸收的热量大于分解反应放出的热量，发酵液需要升温。当菌体繁殖旺盛时，情况则相反，发酵液温度上升，加上通风搅拌所带来的热量，使发酵液的温度升高很快，当其温度超过适宜的温度时，就会影响到微生物生长和发酵产酶。所以这时发酵液必须降温，以保持微生物生长繁殖和产酶所需的适宜温度。

(2) pH

培养基的酸碱度对微生物的生长繁殖和发酵产酶影响很大。①影响微生物体内各种酶的活性，从而导致微生物的代谢途径发生改变。②影响微生物形态和细胞膜的通透性，从而影响微生物对培养基中的营养成分的吸收和代谢产物的分泌。③影响培养基中某些营养物质的分解或中间代谢产物的解离，从而影响微生物对这些物质的利用。在发酵过程中有必要进行调节控制，使培养基的 pH 控制在一定的范围内，以满足不同类型微生物的生长繁殖或产生代谢产物。

不同的微生物，其生长繁殖所需的最适 pH 有所不同。一般情况下，细菌和放线菌的生长最适 pH 在中性或偏碱性；霉菌和酵母菌的最适生长 pH 偏酸性。有的微生物发酵产酶的最适 pH 与生长最适 pH 有所不同。微生物细胞生产某种酶的最适 pH 通常接近于该酶催化反应的最适 pH。但有些微生物细胞产酶的最适 pH 与酶催化反应的最适 pH 有所差别，在酶催化反应的最适 pH 条件下，产酶细胞的生长和代谢可能会受到影响。

在发酵过程中，发酵液 pH 会不断发生变化，这是由菌种的特性、培养基组分、发酵条件等决定的。引起 pH 变化的主要原因是微生物对培养基营养成分的利用和代谢产物的积累。生产上对 pH 的控制和调节主要有以下方法：①调节培养基中初始 pH，控制合适的 C/N，调整生理酸性物质与生理碱性物质的比例。②补料调节：通过发酵过程中流加碳、氮源来调节 pH。③添加缓冲液，维持一定的 pH。④如 pH 变化较大，可直接流加酸或碱进行调节。

(3) 溶解氧

产酶微生物多为好氧菌，其代谢过程所需的能量来自于生物氧化，因此微生物必须获得充足的氧气，使从培养基中获得的能源物质（一般是碳源）经过有氧降解而生成大量的 ATP。

所以溶氧量对酶产量有重要影响。

微生物在培养基中只能利用溶解氧，而氧气是难溶于水的气体，所以，在培养基中能溶解的氧量并不多，在发酵过程中如果不及时进行补充，原有的溶解氧很快就会被利用完。为了满足微生物生长、繁殖和发酵产酶的氧需要量，必须在发酵过程中连续不断供给氧。一般通过供给无菌空气来实现，使培养基中的

图 2-3　台式全温振荡培养箱

溶氧量保持在一定的水平。图 2-3 所示为台式全温振荡培养箱，其带有补氧功能。

在酶的发酵生产过程中，处于不同生长阶段的细胞，其细胞浓度和细胞呼吸强度各不相同，致使耗氧速率有很大的差别。因此必须根据耗氧量的不同，不断供给适量的溶解氧。一般说来，通气量越大、氧气分压越高、气液接触时间越长、气液接触面积越大，则溶氧速率越大。另外，培养液的性质，如黏度、气泡以及温度等对于溶氧速率有明显影响。因此可以通过以上几方面来调节溶氧速率。溶氧量过低，会对微生物生长、繁殖和新陈代谢产生影响，从而使酶的产量降低。但是过高的溶氧量对酶的发酵生产也会产生不利的影响，一方面会造成浪费，另一方面，高溶氧也会抑制某些酶的生物合成。因此，在整个发酵生产过程中应根据需要控制好溶氧量。

2.4.4　酶活力分析及测定

在酶的分离纯化、性质研究以及酶制剂的生产和应用时，需要对酶的活力、纯度及含量进行重复的、大量的测定工作，因此酶活力测定过程应力求准确、快速。

2.4.4.1　酶活力

（1）酶活力的定义

酶活力

酶活力也称酶活性，是指酶催化某一化学反应的能力，酶活力的大小可以用在一定条件下所催化的某一化学反应速率来表示。酶催化的反应速率越大，酶的活力越高；反之越低。测定酶活力也即测定酶促反应的初速率。

酶催化的反应速率可用单位时间内底物的减少量或产物的增加量来表示。在酶活力测定实验中底物往往是过量的，因此底物的减少量只占总量的极小部分，测定时不易准确，而反应产物则是从无到有，可以准确测定。由于在酶促反应中，底物减少与产物增加的速率相等，因此酶活性测定中绝大多数是采用测定产物生成速率的方法。

以产物生成量（或底物减少量）对反应时间作图（图 2-4），该曲线的斜率表示单位时间内产物生成量的变化，所以曲线上任何一点的斜率就是该相应时间的反应速率。从图 2-4 曲线可看出在反应开始的一段时间内斜率几乎不变，但随着时间的延长，曲线趋于平坦，斜率

发生改变，反应速率降低，显然这时测得的反应速率不能代表真实酶活力。引起酶促反应速率随时间延长而降低的原因很多，如底物浓度的降低、产物对酶的抑制作用以及随时间的延长引起酶本身部分分子失活等。因此测定酶活力，应测定反应的初速率，从而避免各种复杂因素对反应速率的影响。

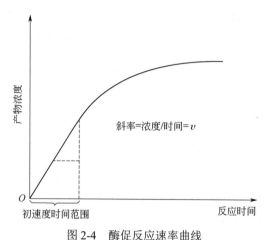

图 2-4　酶促反应速率曲线

（2）酶的活力单位

酶活力的大小，即酶含量的多少，用酶活力单位（activity unit，U；国际单位为 IU）表示。酶活力单位的定义是：在一定条件下，一定时间内将一定量的底物转化为产物所需的酶量。这样酶的含量就可以用每克酶制剂或每毫升酶制剂含有多少酶单位来表示，即 U/g 或 U/mL。

20 世纪 60 年代以前，世界各地实际应用的酶活力单位的定义各不相同。为统一起见，1961 年国际生物化学联合会规定：在最适条件（温度一般采用 25℃或其他选用的温度；pH 等条件均采用最适条件）下，每分钟催化 1μmol 底物转化为产物所需的酶量定义为一个酶活力单位，即 1IU=1μmol/min。

1972 年国际酶学委员会推荐了一种新的酶活力国际单位，即 Katal（简称 Kat），规定为：在最适条件下，每秒能催化 1μmol 底物转化为产物所需要的酶量，定为 1Kat 单位（1Kat=1mol/s）。Kat 单位与 IU 单位换算关系如下：

$$1Kat = 60×10^6 IU$$

$$1IU = 16.67nKat$$

酶的催化作用受测定环境的影响，因此测定酶活力要在酶的最适条件下进行，即最适温度、最适 pH、最适底物浓度和最适缓冲液离子强度等，只有在最适条件下测定才能准确地反映酶活力大小。

（3）酶的比活力

酶的比活力表示酶的纯度，国际酶学委员会的规定：比活力用每毫克（mg）蛋白质所含的酶活力单位数来表示，对同一种酶来说，比活力越大，表明酶的纯度越高。比活力可以用下式表示：

$$酶比活力 = 活力单位数（IU）/蛋白质质量（mg）$$

有时采用每克（g）酶制剂或每毫升（mL）酶制剂含有多少个活力单位来表示。比活力的大小可用来比较每单位质量蛋白质的催化能力，在酶学研究及分离纯化中，通过酶活力和比活力的测定来估算纯化效率，以寻求适宜的纯化方法。

2.4.4.2 酶活力测定步骤

酶活力是酶促反应的能力，即酶促反应速率的快慢。测定酶活力大小时，为了保证所测定的速率是最初速率，通常以底物浓度的变化在起始浓度的5%以内的速率为最初速率，5%以下的底物浓度变化不易准确测定。所以在测定酶活力时，往往使底物浓度足够大，这样整个酶反应对底物来说是零级反应，而对酶来说却是一级反应，这样测得的速率就能比较可靠地反映酶的含量。测定酶促反应速率的方法如下：①测量单位时间内底物的减少量；②测量单位时间内产物的生成量。

酶活力测定步骤：酶活力的测定要在最适条件下进行，首先要在一定的条件下，酶与其作用底物反应一段时间；当反应终止后，再测定反应液中底物或产物变化的量。测定步骤如下。

① 选择酶的最适作用底物，配制成一定浓度的底物溶液。要求所配的底物均匀一致，新鲜配制，或预先配制后放置冰箱保存备用。

② 确定酶促反应的温度、pH 等条件。温度可选在室温（25℃）、体温（37℃）、酶促反应最适温度或其他选用的温度。pH 应是酶促反应的最适 pH。反应条件一经确定，在反应过程中应尽量保持恒定不变。故反应要在恒温条件下进行，采用一定浓度和一定 pH 的缓冲溶液来保持反应的 pH。有些酶促反应要求激活剂等其他条件，应视具体情况满足。

③ 在最适条件下，将一定量的酶液与底物溶液混合均匀，可放置在摇床或水浴锅（图2-5）中振荡保温，适时记下酶和底物反应开始的时间。

④ 反应终止，立即取出适量的反应液［可用移液枪（图2-6）移取］，运用各种生化检测技术，测定产物增加量或底物的减少量。为了准确地反映酶促反应的结果，应尽量采用快速、简便、准确的方法测出结果。若不能立即测出结果的，则要及时终止酶促反应，然后再测定。终止酶促反应的方法很多，常用的有：a. 反应时间一到，立即取出适量的反应液，置于沸水浴中加热，使酶失活；b. 立即加入适宜的酶变性剂，如三氯乙酸等，使酶变性失活；c. 加入酸或碱溶液，使反应液的 pH 迅速远离酶催化反应的最适 pH，从而终止反应；d. 将取出的反应液立即置于冰浴或冰盐溶液中，使反应液的温度迅速降低至10℃以下。究竟采用何种方法终止反应，取决于酶的特性、反应底物或产物的性质以及检测方法等。

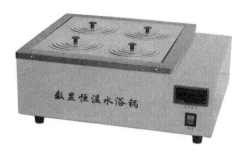

图 2-5　数显恒温水浴锅

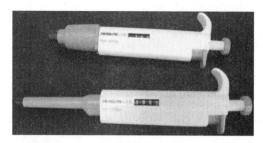

图 2-6　移液枪

2.4.4.3　酶活力检测技术

测定反应液中物质的变化量，可采用光学检测法、化学检测法等生化检测技术。现将最常用的方法介绍如下。

（1）酶偶联法

某些酶促反应的底物和产物本身没有光吸收的变化，可以将其产物偶联至另一个能引起光吸收变化的酶反应中，使第一个酶反应的产物转变成为第二个酶的具有光吸收变化的产物来进行测定，例如，葡萄糖氧化酶的活力测定就是与过氧化氢酶偶联而进行的，基本方法为：用葡萄糖氧化酶催化葡萄糖氧化生成 D-葡萄糖酸和过氧化氢，加入过氧化氢酶后，过氧化氢分解产生氧，氧又与邻联二茴香胺发生氧化反应，生成棕色化合物，测定其在 460nm 处的光吸收可确定反应的速率，计算出酶活力。

（2）分光光度法

主要利用底物和产物在紫外光或可见光部分的吸光度的不同，选择一适当的波长，测定反应过程中进行的情况。该方法使用的仪器为双光束紫外可见分光光度计（图 2-7）。这一方法的优点是简便、节省时间和样品，可检测到 nmol/L 水平的变化。该方法可以连续地读出反应过程中光吸收的变化，已成为酶活力测

图 2-7　双光束紫外可见分光光度计

定中一种重要的方法之一。几乎所有的氧化还原酶都可以用此方法测定，此测定方法受到多种因素的影响，如 pH、温度、反应时间、稀释度、干扰成分等。因此用分光光度法测定酶活力需尽量消除影响因素的干扰。例如纤维素酶水解纤维素产生的纤维二糖、葡萄糖等在碱性条件下能将 3,5-二硝基水杨酸（DNS）还原，生成的棕红色的氨基化合物在 540nm 波长处有最大光吸收，在一定范围内还原糖的量与反应液的颜色强度呈比例关系，可用分光光度法进行测定；另外，糖化酶催化淀粉水解生成葡萄糖的量也可用化学滴定法测定。

（3）荧光法

根据底物或产物荧光性质的差别，通过测定荧光物质的荧光强度来进行测定酶活力。由于荧光法的灵敏度往往比分光光度法要高若干个数量级，而且与荧光强度和激光的光源有关，

因此在酶学研究中越来越多地被采用。荧光法适用于一些快速反应的测定。荧光法的缺点是对所用的试剂、容器和仪器要求很高，且易受其他物质干扰，有些物质如蛋白质能吸收和发射荧光，这种干扰在紫外区尤为显著，故用荧光法测定酶活力时，应尽可能选择可见光范围的荧光进行测定。

（4）同位素测定法

用放射性同位素标记底物，在反应进行到一定程度时，分离带放射性同位素标记的产物并进行测定，测定产物的脉冲数即可换算出酶的活力单位。已知六大类酶几乎都可以用此方法测定。通常用作底物标记的同位素有 ^3H、^{14}C、^{32}P、^{35}S、^{131}I 等。例如测定脲酶，将底物尿素用 ^{14}C 标记，产生的带放射性的 CO_2 气体可用标准计数法进行测定。一般来说，该方法反应灵敏度极高，尤其适用于低浓度的酶和底物的测定。缺点是操作烦琐，样品需分离，反应过程无法连续跟踪，且同位素对人体有损伤作用。

（5）电化学方法

电化学方法测定酶活力有 pH 测定法和离子选择电极法等。pH 测定法最常用的是玻璃电极，配合一高灵敏度的 pH 计，跟踪反应过程中 H^+ 变化的情况，用 pH 的变化来测定酶的反应速率；在使用离子选择电极法测定某些酶的酶活力时，用氧电极可以测定一些耗氧的酶反应，如葡萄糖氧化酶的活力就可用这个方法测定。

（6）量气法

当酶促反应中产物或底物之一为气体时，可以测量反应系统中气相的体积或压力的改变，从而计算气体释放或吸收的量，根据气体变化和时间的关系，求得酶反应的速率。例如，氨基酸脱羧酶、脲酶的活力测定，可用特制的仪器如华勃氏呼吸仪或者二氧化碳电极测定二氧化碳的生成速率，进而求得酶活力。

此外还有一些测定酶活力的方法，例如旋光法、量热法、层析法等，但这些方法适用范围有限，灵敏度差，只适用于个别酶活力的测定。酶活力的大小直接影响到酶在各个生产领域内的应用效果。因此，酶活力测定方法的选择非常重要。测定方法总的要求是快速、准确。

练习题

1. 填空题

（1）一般产酶微生物筛选的原则包括_____、_____、_____、_____、_____。

（2）获得的高产菌株必须得到妥善的保藏，这是酶发酵生产中一个很重要的工作。保藏的目的是_____。

（3）酶活力表示_____，酶的比活力表示_____。

（4）菌种保藏方法包括_____、_____、_____、_____、_____。

(5) 酶活力测定过程中，终止酶促反应的方法很多，常用的有_____、_____、_____、_____。

2. 简答题

(1) 产酶培养基的设计原则有哪些?

(2) 产酶微生物的筛选原则有哪些?

(3) 培养基的主要营养成分有哪些? 分别起什么作用?

(4) 在微生物发酵产酶过程中，有哪些措施可以提高酶产量?

(5) 酶反应速率为什么要用初速率表示? 影响酶反应速率的因素有哪些?

3. 案例题

有效的纤维素酶制剂是降解木质纤维素的关键，请你筛选一株能够有效降解纤维素的产酶菌株。

3 酶的分离纯化

✈ 项目导读

酶的分离纯化是指将酶从细胞或其他含酶的原材料中提取出来，再与其他杂质分开，从而获得符合使用目的且有一定纯度和浓度的酶制剂的过程。利用酶的分离纯化技术及时去除粗酶发酵液中相关杂质，并减少操作过程中酶活力的损失，提高酶的比活力和产品的附加值，最终制备高纯度酶。酶的分离纯化可极大提升酶产品的附加值，有效提高酶解效率，不仅在酶制剂生产中使用，而且在酶的结构与功能、酶的催化机制、酶催化动力学等酶学研究方面也是必不可缺的重要技术。

📖 学习目标

知识目标	能力目标	素质目标
1. 掌握酶的粗分离原理和方法。	1. 能够根据纯化要求制订粗酶液的分离纯化步骤。	1. 培养学生具备理论联系实际、实事求是的工作态度。
2. 掌握酶的层析分离的原理和方法。	2. 能够判断酶的分离纯化过程的效果，完成全过程酶活力和比活力的监测。	2. 培养学生求真务实、吃苦耐劳的精神和严谨的工作态度。
3. 了解酶的结晶与干燥的原理和方法。	3. 能够根据不同的酶制剂选择合适的保存方法。	3. 培养学生严谨细致、精益求精的求实精神，强化质量意识，追求极致的工匠精神。
4. 了解不同酶制剂对应的保存方法	4. 掌握数据和图文的基本处理方法	4. 培养学生刻苦钻研、勇攀科学高峰的信念和意志

3.1 任务书 纤维素酶的分离纯化

3.1.1 工作情景

目前，糖化用酶的成本受制于几家国际纤维素酶商家，国内自主研发的纤维素酶的使用效果仍有待于提高。某生物技术公司近期筛选了一株可以降解纤维素底物类物质的菌株，为确保其能够高效降解含纤维素的底物，需要及时去除发酵液中相关杂质，有效减少操作过程中酶活力的损失，提高纤维素酶的比活力和产品的附加值。检测过程中纤维酶活性按照 GB/T 23881—2009 相关规定执行，过程记录完整，质控检测合格。

3.1.2　工作目标

1. 查阅资料并掌握酶的粗分离原理和方法。
2. 能够完成酶液的层析分离及全过程酶活力检测。
3. 能够根据不同的酶制剂选择合适的保存方法。

3.1.3　工作准备

3.1.3.1　任务分组

学生任务分配表

班级		组号		指导教师	
组长		学号			
组员	姓名	学号		姓名	学号

任务分工

问题反馈

3.1.3.2　获取任务相关信息

(1) 查阅资料，书写酶制剂分离纯化的基本原则。

_____

_____

_____

(2) 小组讨论：纤维素酶常用的分离纯化技术。

_____

_____

_____

(3) 小组讨论：怎样评价酶的分离纯化的效果?

_____

_____

_____

(4) 根据查阅的资料进行小组讨论，并绘制工作任务流程图。

3.1.3.3　制订工作计划

按照收集信息和决策过程，填写工作计划表、试剂使用清单、仪器使用清单和溶液制备清单。

工作计划表

步骤	工作内容	负责人	完成时间
1	细胞破碎		
2	盐析法分离蛋白质		
3	离子交换层析法分离蛋白质		
4	SDS-PAGE 测定蛋白质分子量		
5	酶的浓缩与保存		

试剂使用清单

序号	试剂名称	分子式	试剂规格	用途

仪器使用清单

序号	仪器名称	规格	数量	用途
1	透析袋			
2	透析袋夹			
3	层析柱			
4	蛋白质纯化仪			

溶液制备清单

序号	制备溶液名称	制备方法	制备量	储存条件

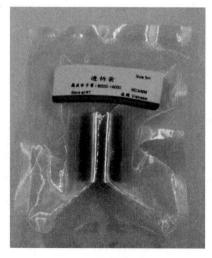

透析袋

透析袋夹

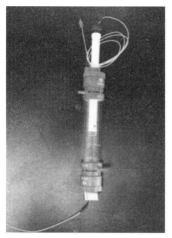

层析柱

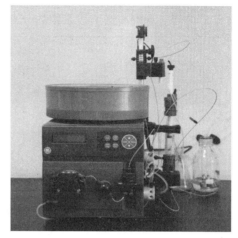

蛋白质纯化仪

3.2　工作实施

3.2.1　细胞破碎

（1）查阅资料，小组讨论细胞破碎的方法有哪些？原理是什么？

进行细胞破碎，并记录细胞破碎率。

记录细胞破碎率

破碎时间/min	1	2	3	4	5	6
C/(mg/L)						
C_{max}/(mg/L)						
细胞破碎率/%						

(2) 破碎后如何实现酶与细胞残余物的分离?

3.2.2　盐析法分离蛋白质

(1) 小组讨论,思考中性盐使蛋白质从水溶液中析出的原理是什么?盐析分离蛋白质有哪些注意事项?

(2) 记录饱和硫酸铵溶液和其他缓冲溶液的配制过程。

（3）盐析实验过程应注意哪些操作细节？

（4）简要说明透析在酶分离纯化中的必要性和注意事项。

3.2.3　离子交换层析法分离蛋白质

（1）小组讨论：不同的层析方法分离蛋白质分别利用了蛋白质的哪些性质？

（2）离子交换层析法分离蛋白质。

① 列出材料准备和溶液配制的步骤。

② 装柱，画出装柱流程图。

③ 书写上样和洗脱步骤。

（3）小组讨论：层析分离后为什么要测定洗脱蛋白的蛋白质浓度；查阅资料，书写考马斯亮蓝 G250 法测定蛋白质含量的原理。

（4）制作标准蛋白液标准曲线并判断其准确性是否符合要求。

100μg/mL 标准蛋白液标准曲线绘制

管号	1	2	3	4	5	6	7
100μg/mL 标准蛋白液/mL	0	0.1	0.2	0.4	0.6	0.8	1
超纯水/mL							
考马斯亮蓝 G250 试剂/mL							
蛋白质含量/μg							
A_{595nm}							

500μg/mL 标准蛋白液标准曲线绘制

管号	1	2	3	4	5	6	7
500μg/mL 标准蛋白液/mL	0	0.1	0.2	0.4	0.6	0.8	1
超纯水/mL							
考马斯亮蓝 G250 试剂/mL							
蛋白质含量/μg							
A_{595nm}							

绘制标准曲线。

（5）测定样品蛋白质浓度并记录数据。

样品液蛋白质浓度测定

管号	1	2	3	4	5	6
样品液/mL						
超纯水/mL						
考马斯亮蓝 G250 试剂/mL						
蛋白质含量/μg						
A_{595nm}						

（6）层析过程洗脱液酶活力测定，绘制酶活力变化曲线。

（7）依据离子交换层析结果分析目标蛋白质与杂质的分离情况。

蛋白质洗脱数据记录

管号	1	2	3	4	5	6	7	8
酶活力/U								
蛋白质浓度/(mg/mL)								
管号	9	10	11	12	13	14	15	16
酶活力/U								
蛋白质浓度/(mg/mL)								

(8) 基于离子交换层析的操作过程，简要阐述蛋白质凝胶过滤层析的过程及步骤。

3.2.4　SDS-PAGE 测定蛋白质分子量

(1) 查阅资料，思考具有空间结构的酶通过 SDS-聚丙烯酰胺凝胶电泳（SDS-PAGE）测定蛋白质分子量的原理。

(2) 查阅资料，书写 SDS-PAGE 测定蛋白质分子量的流程及步骤。

（3）思考纤维素酶纯化结果分析需要从哪几个方面展开。

（4）小组讨论，进行酶纯化效率分析。

蛋白质浓度和酶活力数据记录

项目	蛋白质浓度/(mg/mL)	酶活力/U	比活力/(U/mg)	纯化得率/%
细胞破碎				
盐析				
离子交换				
凝胶过滤				

（5）小组讨论，样品保存前需要再次透析的目的是什么？

3.2.5　酶的浓缩与保存

（1）思考应用超滤膜在蛋白质浓缩处理中的注意事项。

（2）小组讨论，简要说明蛋白质真空浓缩的一般步骤。

（3）思考怎样选择酶的干燥方法。

3.3　工作评价与总结

3.3.1　个人与小组评价

（1）评价纤维素酶的分离纯化效果，考察其纯化后的回收率、酶活力和比活力。

（2）和小组成员分享工作的成果。

以小组为单位，运用 PPT 演示文稿、纸质打印稿等形式在全班展示，汇报任务的成果与总结，其余小组对汇报小组所展示的成果进行分析和评价，汇报小组根据其他小组的评价意见对任务进行归纳和总结。

个体评价与小组评价表

考核任务	自评得分	互评得分	最终得分	备注
细胞破碎				
盐析法分离蛋白质				
离子交换层析法分离蛋白质				
SDS-PAGE 测定蛋白质分子量				
酶的浓缩与保存				

总结与反思

学生改错	学生学会的内容

学生总结与反思：

3.3.2 教师评价

按照客观、公平和公正的原则，教师对任务完成情况进行综合评价和反馈。

教师综合反馈评价表

评分项目			配分	评分细则	自评得分	小组评价	教师评价
职业素养（55分）	纪律情况（15分）	不迟到，不早退	5分	违反一次不得分			
		积极思考，回答问题	5分	根据上课统计情况得1~5分			
		有书本、笔记及项目资料	5分	按照准备的完善程度得1~5分			
	职业道德（20分）	团队协作、攻坚克难	10分	不符合要求不得分			
		认真钻研，有创新意识	10分	按认真和创新的程度得1~10分			
	5S（10分）	场地、设备整洁干净	5分	合格得5分，不合格不得分			
		服装整洁，不佩戴饰物，规范操作	5分	合格得5分，违反一项扣1分			
	职业能力（10分）	总结能力	5分	自我评价详细，总结流畅清晰，视情况得1~5分			
		沟通能力	5分	能主动并有效表达沟通，视情况得1~5分			
核心能力（45分）	撰写项目总结报告（15分）	问题分析，小组讨论	5分	积极分析思考并讨论，视情况得1~5分			
		图文处理	5分	视准确具体情况得5分，依次递减			
		报告完整	5分	认真记录并填写报告内容，齐全得5分			
	编制工作过程方案（30分）	方案准确	10分	完整得10分，错项漏项一项扣1分			
		流程步骤	5分	流程正确得5分，错一项扣1分			
		行业标准、工作规范	5分	标准查阅正确完整得5分，错项漏项一项扣1分			
		仪器、试剂	5分	完整正确得5分，错项漏项一项扣1分			
		安全责任意识及防护	5分	完整正确，措施有效得5分，错项漏项一项扣1分			

3.4 知识链接

3.4.1 酶分离纯化的基本原则

对酶进行分离提纯一方面是为了研究酶的结构及物理化学特性，对酶进行鉴定，必须要用纯酶或较纯的酶；另一方面是作为生化试剂、药物以及工业上应用的酶，常常也有较高的纯度要求。所以酶的分离纯化技术不但在酶

酶的分离纯化

制剂生产中使用，而且在酶的结构与功能、酶的催化机制、酶催化动力学等酶学研究方面也是必不可缺的重要技术。

由于酶分子十分"娇气"，为保持酶分子结构的完整性，防止酶分子变性及降解现象的发生。酶的分离纯化技术多种多样，选用的时候要认真考虑：①目标酶分子特性及其他物理、化学性质；②酶分子和杂质的主要性质差异；③酶的使用目的和要求；④技术实施的难易程度；⑤分离成本的高低；⑥是否会造成环境污染等。因此，酶的分离纯化关系到提取产品的附加值，具有重要的实践意义。

3.4.1.1 建立一个可靠和快速的酶活力测定方法

酶活力测定方法的可靠性主要表现在方法专一、灵敏、精确和简便。酶的分离纯化过程中，每一个步骤都应该检测酶的活性，以跟踪酶的动态变化。测定酶活力的方法是否经济也很重要，如果测定酶活力的试剂昂贵且难以得到，所需仪器价格又高，那么必然会造成酶的分离纯化的成本提高，所以，必须选择恰当的测定方法。酶活力的测定方法越简单，纯化过程中所需等待的时间就越短，就越能够减少酶自然失活给纯化带来的不利影响。一个好的酶活力测定方法的建立使会整个纯化过程成功一半。

3.4.1.2 酶原料的选择

通常，为了使纯化过程容易进行，应选择目的酶含量丰富的原料。当然也要考虑原料的来源，取材是否方便、经济等。例如分离纯化超氧化物歧化酶（superoxide dismutase，SOD），尽管在动物肝、肾、心等器官内含量十分丰富，而血液中含量较少，但考虑到取材容易、价廉及预处理方便等因素，还是选择红细胞为宜。目前，利用动、植物细胞和微生物工程技术等大规模培养技术，可以大量获得极为珍贵的原材料用于酶的分离纯化。DNA 重组技术能够使某些在细胞中含量极微的酶的纯化成为可能。

3.4.1.3 合理、有效的纯化方法的选择

在进行酶的纯化之前，需要对酶的主要存在位置和本身的理化性质有一个全面的了解，

才能合理、高效地设计分离纯化的工艺。胞外酶是合成之后分泌到细胞外的，一般可以直接或经简单的固液分离后进行分离纯化；而胞内酶则需要细胞破碎后才能进行后续分离纯化步骤。一般选用适当的方法，将含目的酶的生物组织破碎促使酶增溶，最大程度地提高抽提液中酶的浓度。酶的提纯步骤一般可先根据酶分子溶解度，选用适宜的沉淀方法（如离心、盐析、有机溶剂沉淀等），将目的酶分级沉淀制得粗酶，再根据酶分子的大小、电荷性质、亲和专一性等，进一步采用超滤、层析、电泳、结晶等高分辨率的操作单元精制。

评价分离提纯方法好坏的指标有两个：一是总活力的回收率；二是比活力提高的倍数。总活力的回收率反映了提纯过程酶活力的损失情况，而比活力的提高倍数则反映了纯化方法的效率。纯化后比活力提高越多，总活力损失越少，则纯化效果就越好。因此，在保证目的酶的纯度、活力等达到基本质量要求的前提下，分离纯化过程步骤越少越好。

3.4.1.4 全过程酶的活力和纯度检测

习惯上，当把酶提纯到一恒定的比活力时，即可认为酶已得到纯化。不过，仍需要用电泳、层析等方法对纯化的酶进行纯度检验。如果用相应的方法，达到了单一的区带、斑点或只有一个峰，则认为该酶达到了相应方法的纯度，简称为电泳纯、层析纯等。酶分子具有复杂而精细的结构，在纯化过程中，应尽量避免可能导致酶变性、失活的不利因素（高温、重金属离子、蛋白水解酶、过酸或过碱等），使酶自始至终保持天然活性构象，以达到最佳的分离效果。

酶活力检测应贯穿整个纯化过程，并记录各个步骤选用的方法和条件，如实记录每个环节的酶活力的变化，为筛选适当的分离纯化方法提供依据和数据支持。

纤维素酶

知识拓展　不与人争粮，不与民争地——纤维素酶

纤维素酶是降解纤维素生成葡萄糖的一组酶的总称，它是起协同作用的多组分酶系，是一种复合酶。主要由外切 β-葡聚糖酶、内切 β-葡聚糖酶和 β-葡萄糖苷酶等组成，在这三种酶的协同作用下，纤维素大分子最终被水解成可溶性葡萄糖。纤维素酶种类繁多，来源广泛。目前，随着纤维素在能源、材料及化工等领域的广泛开发和应用，里氏木霉作为一种重要的产纤维素酶的工业用菌种而备受关注。

我国国民经济快速发展使得能源需求增长迅速，出现了能源供需紧张的局面。木质纤维原料生物质是可再生能源，从 20 世纪 80 年代开始，围绕木质纤维原料的高效、综合利用展开了广泛而深入的研究，生物炼制工艺路线已基本成熟。工业上，目前用于生产生物燃料乙醇的原料主要有玉米和甘蔗，均为粮食作物。随着纤维素乙醇技术的逐步完善，任何来源的植物生物质都可能成为生物乙醇的生产原料，并且有望代替粮食作物。然而，生物乙醇行业

需要低成本、低消耗且可以持续稳定供应的生物质。利用秸秆等木质纤维原料生产非粮乙醇的技术关键之一则是有效的纤维素酶活力。我国每年大约能产出 7 亿吨的秸秆，这些秸秆正好可以作为纤维素乙醇的原料。酶水解是制约木质纤维原料生物转化制取乙醇的关键因素，制备生物乙醇核心技术是纤维素酶，但纤维素酶成本过高。目前该工段的主要问题是糖化用酶的成本受制于几家国际纤维素酶商家，国内自主研发的纤维素酶的使用效果仍有待于进一步提高，实际生产过程中纤维素酶消耗量又非常大，导致了生物乙醇的整体价格高昂。随着生物技术的发展和科研工作者的不懈努力，生产工艺会不断优化，纤维素酶制剂成本会逐渐下降，生物染料乙醇终将会走进家家户户。

3.4.2　酶的提取

酶的提取（enzyme extraction）是从微生物发酵液中提取酶的过程，主要包括发酵液的预处理、细胞破碎、固液分离、浓缩、干燥和粉碎等步骤，所得到的酶并不是纯品，而是含有大量杂质的粗酶液或粗酶制品。当然并不是所有的酶制剂都需要经过一系列的提取过程，但对某些科研分析或纯度要求较高的酶制剂往往需要经过层析等多重方法甚至反复多次操作处理才能提纯。

3.4.2.1　发酵液预处理

发酵液的成分复杂，大量的菌丝体、菌种代谢物和剩余培养基成分会对酶的提取和纯化造成很大的影响。发酵液多为混悬液，黏度大且不易过滤，而所需的酶可能分布在发酵液中，也可能聚集在细胞内，只有将二者分开才能继续有针对性地提纯。在有些发酵液中，由于菌体自溶释放细胞内的核酸、蛋白质及其他有机物会造成发酵液的混浊，导致提纯后期固液分离时过滤速率下降，所以必须设法增大悬浮物的颗粒直径，提高沉降速率，以利于过滤。目标产物在发酵液中的浓度通常较低，必须设法将大量的水分除掉，以便提高目标产物的浓度，进而在后期纯化操作时提高提取的效率和回收率等。因此，从发酵液中获取目标酶前需进行适当的预处理，主要包括发酵液的相对纯化和过滤性质改善。

微生物发酵液预处理

（1）无机离子的去除

如果发酵液中的钙、镁、铁等高价离子浓度过高，会影响部分酶的活力及稳定性，干扰后续的纯化，应设法除去。发酵液中加入草酸钠可以沉淀钙离子，降低钙离子浓度；三聚磷酸钠可以与镁离子形成络合物，消除镁离子对交换树脂的影响；磷酸盐可以同时沉淀钙离子和镁离子，大大降低钙离子、镁离子的浓度。另外，沉淀剂的添加应尽量不引入新的离子，避免二次污染，且浓度适宜，避免酶蛋白沉淀。

（2）杂蛋白的去除

常用的去除杂蛋白的方法主要有等电点沉淀法、变性法、凝聚和絮凝等。具体方法如下。

① 等电点沉淀法　指利用蛋白质是两性电解质及所携带电荷不同等特点，通过添加酸、碱调节溶液 pH,使杂蛋白处于等电环境而失去同种电荷间的相互排斥作用，致溶解度降低而沉淀除去。该法单独使用效果欠佳，只适合除去与目的酶等电点（isoelectric point，pI）相差较大的杂蛋白，且应缓慢添加酸、碱，搅拌均匀，防止局部酸、碱过高。

② 变性法　指利用变性蛋白质溶解度较小、易形成沉淀的特点，设法使杂蛋白变性沉淀而除去。蛋白质一般对热、酸或碱等比较敏感，在高温、过酸或过碱等条件下易变性而沉淀。因此，在分离耐热、耐酸或耐碱酶时，常采用加热和大幅调 pH 的方法，使杂蛋白变性而沉淀除去。

③ 凝聚和絮凝　凝聚是指发酵液中的胶体粒子在凝聚剂（如 $AlCl_3$、$FeCl_3$、$ZnSO_4$、柠檬酸等）的作用下，使粒子间排斥电位降低，致胶体粒子相互碰撞而凝聚成 1mm 左右大小的凝聚体的过程。絮凝是指发酵液中胶体粒子（如带电菌体或蛋白质）在高分子絮凝剂（含极性官能团的高分子聚合物，如聚丙烯酰胺衍生物、聚苯乙烯类衍生物及无机高分子聚合物等）的架桥作用（如静电引力、共价键或氢键等）下，相互交联成网，进而形成直径更大的絮凝团的过程。在发酵工业中，凝聚和絮凝技术除用于酶蛋白的除杂之外，还用于胞外酶发酵液中细胞的去除，以有效得到含酶的澄清液。在操作中，凝聚和絮凝的效果一般与凝聚剂和絮凝剂的种类、浓度、胶体粒子的大小及发酵液 pH 等因素有关，在实际操作中应根据酶的种类和来源不同，对各因素进行优化试验，确定最佳凝聚剂和絮凝剂的种类、浓度及操作条件。

（3）色素及其他杂质

色素既有培养基（如酵母膏、蛋白胨、糖蜜等）自带的，也有微生物发酵后期产生的。工业上常用的脱色剂（decolorizer）是活性炭和离子交换树脂（ion-exchange resin）。活性炭脱色的机制是吸附，既能吸附色素，也能吸附部分酶，并有一定脱臭功能，其颗粒大小、用量、脱色温度和时间等均会影响脱色效果和酶蛋白的回收率。离子交换树脂脱色效率和酶蛋白回收率高，能吸附除去部分与离子交换剂电荷相反的杂蛋白或核酸分子，且交换剂可回收使用，是目前发酵工业最常用的脱色技术之一。为提高酶的回收率并保持酶的稳定性，应选用基本不吸附酶蛋白的低交联度大孔树脂，并在脱色处理前加缓冲液平衡树脂，降低脱色过程中溶液 pH 的变化。

（4）过滤性质改善

以上除杂方法还可以用于改善发酵液的过滤性质。如无机盐离子去除过程中因添加磷酸钠等反应剂形成的磷酸钙、磷酸镁等沉淀能防止菌丝体黏结，使悬浮物凝固，起助滤作用；加热可使热敏杂蛋白变性沉淀，直接降低发酵液黏度，提高过滤速率；凝聚和絮凝技术既可以用于去除杂蛋白，也可使细胞、细胞碎片凝聚或絮凝而形成更大的颗粒，进而降低发酵液黏度，提高固液分离速率和滤液质量。除此之外，对于黏度大、固体颗粒细小的发酵液，还可以直接加水稀释或添加助滤剂来改善发酵液的过滤性质。

助滤剂是一种不可压缩的刚性多孔微粒，能够吸附发酵液中细小的胶体粒子，改变滤饼结构，降低滤饼的可压缩性，进而减少过滤阻力，提高过滤效率。助滤剂法特别适合胞外酶发酵液的预处理，如使用硅藻土、珍珠岩粉等助滤纤维素酶、木聚糖酶发酵液时，样品过滤速度明显加快，酶蛋白的回收率及所获滤液澄清度均较高。目前，发酵工业中最常用的助滤剂是硅藻土，其次是珍珠岩粉、活性炭、石英砂、壳聚糖和纤维素等。不同的助滤剂其性能有所不同，操作中应针对待分离物料的特性和工艺要求选择合适的助滤剂种类与比例。

3.4.2.2 细胞破碎

酶的种类繁多，所有胞内酶的提取均必须先将原材料进行细胞破碎，使目的酶从细胞中释放出来。为了获得细胞内的酶，首先要收集组织、细胞并进行细胞或组织破碎，使细胞的外层结构破坏，然后进行酶的提取和分离纯化。必须根据具体情况选择适当的破碎方法，常用的有机械破碎法、物理破碎法、化学破碎法和酶促破碎法，其破碎方法及原理见表 3-1。在实际使用时应当根据具体情况选用适宜的细胞破碎方法，有时也可以两种或两种以上的方法联合使用，以便达到细胞破碎的效果，又不影响酶的活性。

表 3-1 细胞破碎方法及其原理

分类	细胞破碎方法	作用机制
机械破碎法	捣碎法 研磨法 匀浆法	通过机械运动所产生的剪切力的作用，使组织、细胞破碎
物理破碎法	温度差法 压力差法 超声波法	通过各种物理因素的作用，使组织、细胞的外层结构破坏，进而使细胞破碎
化学破碎法	添加有机溶剂 添加表面活性剂	通过各种化学试剂对细胞膜的作用，使细胞破碎
酶促破碎法	自溶法 外加酶制剂法	通过细胞本身的酶系或外加酶制剂的催化作用，使细胞外层结构受到破坏，进而使细胞破碎

（1）机械破碎法

机械破碎法指通过机械运动产生的压缩力和剪切力将组织细胞打碎的方法，具有处理量大、破碎效率高、速度快等优点，细胞的机械破碎法主要有捣碎法、研磨法和匀浆法等。

捣碎法是利用捣碎机叶片高速旋转产生的剪切力使细胞破碎。常用于动物内脏、植物叶芽等组织细胞的破碎。破碎前，需要将动植物组织悬浮于水或其他介质中，将悬浮液置于捣碎机进行细胞破碎。

研磨法是利用研钵、细菌磨、球磨等产生的压缩力、撞击力和剪切力将细胞破碎。必要时可加入石英砂、玻璃珠、氧化铝等作为助磨剂，以提高研磨效率。该法常用于微生物和植物组织细胞的破碎。其特点是简单、无需特殊设备；缺点是费力、效率很低。

匀浆法是利用匀浆器（图 3-1）产生的剪切力将细胞破碎。此法常用于颗粒较小、比较柔软、易分散的组织细胞的破碎。一些较大的、致密的组织或细胞团需先经过捣碎机或研磨器处理，使细胞分散后才能进行匀浆。针对不同的材料选择不同材质的匀浆器。

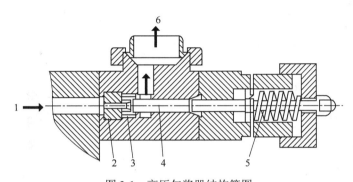

图 3-1　高压匀浆器结构简图

1—细胞悬浮液；2—阀座；3—碰撞环；4—阀；5—阀杆；6—细胞匀浆液

（2）物理破碎法

物理破碎法指利用温度、压力、超声波等物理因素使细胞破碎的方法，多用于微生物细胞的破碎。常用的物理破碎法如下。

温度差法是利用物理上的热胀冷缩原理，通过温度的突然变化使细胞破碎的方法，如实验室常用的反复冻融法，即将待破碎的细胞冷至−20 ～ −15℃，然后室温（或 40℃）迅速融化，如此反复冻融多次，细胞内形成冰粒，剩余胞液的盐浓度增高而引起细胞溶胀破碎。温度差法多用于较脆弱的微生物细胞的破碎，但要注意防止操作温度过高而引起酶失活。

高压冲击法指在结实的圆柱体容器内装入菌体和助磨剂，在适宜温度下，用活塞或冲击锤施加高压冲力，从而使细胞破碎。

渗透压变化法指将处于对数生长期的菌体细胞悬浮在高渗透压溶液中平衡一段时间，然后离心收集菌体，迅速悬浮于低渗透压溶液（如蒸馏水）中，利用细胞内外的渗透压差使细胞破裂。

超声波法是指利用超声波发生器产生的声波在细胞膜周围产生空穴作用，空穴的震动产生机械剪切力，从而使细胞破碎。超声波细胞粉碎机如图 3-2 所示。影响超声波细胞破碎的主要因素有超声波的输出功率和作用

图 3-2　超声波细胞粉碎机

时间，以及细胞浓度、黏度、pH、温度和离子强度等，要根据细胞的种类和酶的特点选择合适的输出功率和作用时间。超声波法简便、快捷、破碎效率高，适合对对数生长期的细胞进行破碎。

（3）化学破碎法

化学破碎法是指利用各种化学试剂作用于细胞膜而使细胞破碎的方法，常用的化学试剂有甲苯、丙酮、丁醇、氯仿等有机溶剂以及曲拉通、吐温等表面活性剂。

有机溶剂能够破坏细胞膜的磷脂双分子层，改变细胞膜的通透性，从而使酶等胞内物释放到胞外，该操作一般在低温条件下进行，以防止酶变性失活。表面活性剂在适当的温度、pH和离子强度条件下，能与细胞膜的脂蛋白形成微泡，使膜的通透性增加或使之溶解释放胞内酶。

化学破碎法具有选择性释放产物、保持细胞外形完整、碎片少、浆液黏度低、易于固液分离和进一步提取等优点，但是所使用的化学试剂具有一定毒性，且作用时间长、效率低，该法的通用性较差。

（4）酶促破碎法

酶促破碎法是通过细胞本身的酶系或外加酶制剂的催化作用，使细胞外层结构受到破坏而致细胞破碎的方法。其中，在一定条件下，利用细胞自身酶系的催化作用使细胞破碎的方法称为自溶法，自溶法的作用效果受温度、pH、离子强度等因素的制约。必要时需加入适量的甲苯、氯仿等防腐剂，以防止其他微生物在自溶体系中生长。

常用的外加酶有溶菌酶、果胶酶、纤维素酶等，针对不同的细胞选择不同的酶。如溶菌酶多用于革兰阳性菌（如枯草芽孢杆菌）的破碎，它能特异性地作用于细胞壁肽聚糖上的 β-1,4-糖苷键，从而破坏细胞壁，再通过渗透压差法等使细胞破裂。酶促破碎法具有选择性释放产物、条件温和、核酸泄出量少和保持细胞外形完整等优点，但也存在某些不足：①细胞壁溶解酶价格高，限制了大规模应用；②通用性差，不同类型细胞需选择不同种类的酶，且不易确定最佳溶解条件；③存在产物抑制，如葡聚糖抑制葡聚糖酶。

3.4.2.3 固液分离

固液分离是酶蛋白分离纯化过程中重要的操作单元，其主要是指采用相关分离技术使发酵液中固相悬浮物与澄清液相分离的过程，常用的固液分离技术有离心、过滤和膜分离。

（1）离心

离心分离是借助于离心机旋转所产生的离心力，使不同颗粒大小、不同密度的物质分离的技术过程。在离心分离时，要根据欲分离物质以及杂质的颗粒大小、密度和特性的不同选择适当的离心机、离心方法和离心条件。

① 离心机的选择 离心机多种多样，通常按照离心机的最大转速的不同，可以分为常

速（低速）离心机、高速离心机和超速离心机三种。

a. 常速离心机。又称为低速离心机，其最大转速在 8000r/min 以内，相对离心力（relative centrifugal force，RCF）在 $10^4 g$ 以下，在酶的分离纯化过程中，主要用于细胞、细胞碎片和培养基残渣等固形物的分离，也用于酶的结晶等较大颗粒的分离。

b. 高速离心机。最大转速为 $(1 \sim 2.5) \times 10^4 r/min$，相对离心力达到 $1 \times 10^4 \sim 1 \times 10^5 g$，在酶的分离中主要用于沉淀、细胞碎片和细胞器等的分离。为了防止高速离心过程中温度升高造成酶的变性失活，有些高速离心机装设有冷冻装置，谓之高速冷冻离心机（图 3-3）。

c. 超速离心机。最大转速达 $2.5 \sim 12 \times 10^4 r/min$，相对离心力可以高达 $5 \times 10^5 g$，甚至更高。超速离心主要用于 DNA、RNA、蛋白质等生物大分子以及细胞器、病毒等的分离纯化；样品纯度的检测；沉降系数和分子量的测定等。超速离心机主要由机械转动装置、转子和离心管组成。此外，还有一系列附设装置。为了防止样品液溅出，一般附有离心管帽；为了防止温

图 3-3　高速冷冻离心机

度升高，超速离心机均有冷冻系统和温度控制系统；为了减少空气阻力和摩擦，均设置有真空系统；此外还有一系列安全保护系统、制动系统以及各种指示仪表。

② 离心方法　对于常速离心机和高速离心机，由于所分离的颗粒大小和密度相差较大，只要选择好离心速度和离心时间，就能达到分离效果。如果希望从样品液中分离出两种以上大小和密度不同的颗粒，需要采用差速离心方法。而对于超速离心，则可以根据需要采用差速离心、密度梯度离心或等密度梯度离心等方法。

a. 差速离心。指采用不同的离心速度和离心时间，使不同沉降速度的颗粒分批分离的方法。操作时，将均匀的悬浮液装进离心管，选择好离心速度(或离心力)和离心时间，使大颗粒沉降；分离出大颗粒沉淀后，再将上清液在加大离心力的条件下进行离心，分离出较小的颗粒；如此离心多次，使不同沉降速度的颗粒分批分离出来。差速离心主要用于分离一些大小和密度相差较大的颗粒，操作简单、方便；但分离效果较差，分离的沉淀物中含有较多的杂质，离心后颗粒沉降在离心管底部，并使沉降的颗粒受到挤压。

b. 密度梯度离心。样品在密度梯度介质中进行离心，使沉降系数比较接近的物质分离的一种区带分离方法。为了使沉降系数比较接近的颗粒得以分离，必须配制好适宜的密度梯度系统。密度梯度系统是在溶剂中加入一定的溶质制成的，这种溶质称为梯度介质。梯度介质应具有足够大的溶解度，以形成所需的密度梯度范围；不会与样品中的组分发生反应；也不会引起样品中组分的凝集、变性或失活。常用的梯度介质有蔗糖、甘油等。使用最多的是蔗糖密度梯度系统，其适用范围是：蔗糖浓度 5% ~ 60%，密度 1.02 ~ 1.30g/cm²。密度梯度离

心一般采用密度梯度混合器进行制备。制备得到的密度梯度可以分为线性梯度、凹形梯度和凸形梯度等（图3-4）。当贮液室与混合室的截面积相等时，形成线性梯度；当贮液室的截面积大于混合室的截面积时，形成凸形梯度；而当贮液室的截面积小于混合室的截面积时，则形成凹形梯度。密度梯度离心常用的是线性梯度。

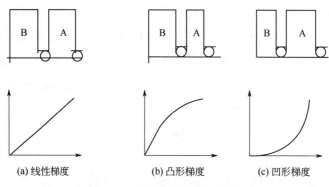

(a) 线性梯度   (b) 凸形梯度   (c) 凹形梯度

图3-4　三种梯度形式示意图

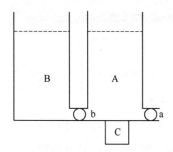

图3-5　密度梯度混合器示意图
A—混合室；B—贮液室；
C—电磁搅拌器；a, b—阀门

密度梯度混合器由贮液室、混合室、电磁搅拌器和阀门等组成（图3-5）。配制时，将稀溶液置于贮液室B，浓溶液置于混合室A，两室的液面必须在同一水平。操作时，首先开动搅拌器，然后同时打开阀门a和b，流出的梯度液经过导管小心地收集在离心管中。也可以将浓溶液置于B室，稀溶液置于A室，但此时梯度液的导液管必须直插到离心管的管底，让后来流入的浓度较高的混合液将先流入的浓度较低的混合液顶浮起来，形成由管口到管底逐步升高的密度梯度。

离心前，将样品小心地铺放在预先制备好的密度梯度溶液的表面，经过离心，不同大小、不同形状、具有一定沉降系数差异的颗粒在密度梯度溶液中形成若干条界面清晰的不连续区带，再通过虹吸、穿刺或切割离心管的方法将不同区带里的颗粒分开收集，得到所需的物质。在密度梯度离心过程中，区带的位置和宽度随离心时间的不同而改变。若离心时间过长，由于颗粒的扩散作用，会使区带越来越宽。为此，适当增大离心力、缩短离心时间，可以减少由于扩散而导致的区带扩宽现象。

c. 等密度梯度离心。当欲分离的不同颗粒的密度范围处于离心介质的密度范围内时，在离心力的作用下，不同浮力密度的颗粒或向下沉降，或向上飘浮，只要时间足够长，就可以一直移动到与它们各自的浮力密度恰好相等的位置（等密度点），形成区带。这种方法称为等密度梯度离心，或称为平衡等密度离心。

③ 离心条件的确定　离心分离的效果好坏受到多种因素的影响。除了上述离心机的种类、离心方法、离心介质以及密度梯度以外，还应该根据需要，选择合适的离心力（或离心

速度）和离心时间，并注意离心介质的 pH 和温度等条件。

a. 离心力。在说明离心条件时，低速离心一般可以用离心速度，即转子每分钟的转数表示，如 5000r/min 等。而在高速离心，特别是超速离心时，往往以相对离心力表示，如 60000g 等。相对离心力是指颗粒所受到的离心力与地心引力的比值，即

$$RCF = \frac{F_c}{F_g} = 1.12 \times 10^{-5} n^2 r$$

离心分离
因数

式中　RCF——相对离心力，g；

F_c——离心力；

F_g——地心引力；

n——转速，r/min；

r——旋转半径，cm。

由此可见，离心力的大小与转速的平方（n^2）以及旋转半径（r）成正比。在转速一定的条件下，颗粒距离离心轴越远，其所受的离心力越大。在离心过程中，随着颗粒在离心管中移动，其所受到的离心力也在变化。一般离心力的数据是指其平均值，即在离心溶液中点处颗粒所受的离心力。

b. 离心时间。在离心分离时，为了达到预期的分离效果，除了确定离心力外，还要确定离心时间。离心时间的概念，依据离心方法的不同而有所差别。对于常速离心、高速离心和差速离心来说，所需的离心时间是指颗粒从样品液面完全沉降到离心管底所需的时间，称为沉降时间或澄清时间；对于密度梯度离心而言，离心时间是指形成界限分明的区带的时间，称为区带形成时间；而等密度梯度离心所需的离心时间是指颗粒完全达到等密度点的平衡时间，称为平衡时间。其中最常用到的是沉降时间。

沉降时间取决于颗粒的沉降速度和沉降距离。对于已经知道沉降系数的颗粒，其沉降时间可以用下列公式计算：

$$t = \frac{1}{S}\left(\frac{\ln r_2 - \ln r_1}{\omega^2}\right)$$

式中　t——沉降时间，s；

S——颗粒的沉降系数，s；

ω——转子角速度，rad/s；

r_1，r_2——分别为旋转轴中心到样品液液面和离心管底的距离，cm。

上式中括号中部分可以用转子 K 因子表示。即：

$$K = \left(\frac{\ln r_2 - \ln r_1}{\omega^2}\right) = St$$

转子 K 因子与转子的半径和转速有关。生产厂家已经在转子出厂时标示出了最大转速时的 K 值。据此可以根据公式 $\omega_1^2 K_1 = \omega_2^2 K_2$ 计算出其他转速时的 K 值。对于某一具体的颗粒来说，沉降系数 S 为定值，所以 K 值越小，其沉降时间就越短，转子的使用效率就越高。在选定了所使用的离心机和转子以后，r_1、r_2 已确定，对于某一具体的颗粒而言，其沉降系数 S 也是定值，此时，$\omega^2 t$ 为一常数。所以离心时对颗粒的沉降起决定作用的是转子的转速 ω 和沉降时间 t。操作时可以采用较高的转速离心较短的时间，或采用较低的转速离心较长的时间，只要 $\omega^2 t$ 不变，就可以得到相同的离心效果。

③ 温度和 pH。在离心过程中为了防止欲分离物质的凝集、变性和失活，除了在离心介质的选择方面加以注意外，还必须控制好温度和 pH 等条件。离心温度一般控制在 4℃左右。对于某些耐热性较好的酶，也可以在室温条件下进行离心分离。但是在超速离心和高速离心时，由于转子高速旋转会发热而引起温度升高，必须采用冷冻系统，使温度维持在一定范围内。离心介质的 pH 必须是处于酶稳定的 pH 范围内，必要时可以采用缓冲溶液。过高或过低的 pH 可能引起酶的变性失活，还可能引起转子和离心机其他部件的腐蚀，应当加以注意。

（2）过滤

过滤是借助于过滤介质将不同大小、不同形状的物质分离的技术过程。过滤介质多种多样，常用的有滤纸、滤布、纤维、多孔陶瓷、烧结金属和各种高分子膜等，根据过滤介质截留的物质颗粒大小不同，过滤可以分为粗滤、微滤、超滤和反渗透四大类。其分类及特性见表 3-2。根据过滤介质的不同，过滤可以分为非膜过滤和膜过滤两大类。其中粗滤和部分微滤采用高分子膜以外的物质作为过滤介质，称为非膜过滤；而大部分微滤以及超滤、反渗透、透析、电渗析等采用各种高分子膜为过滤介质，称为膜过滤，又称为膜分离技术。

表 3-2　过滤的分类及其特性

类别	截留的颗粒大小	截留的主要物质	过滤介质
粗滤	$> 2\mu m$	酵母菌、霉菌、动物细胞、植物细胞、固形物等	滤纸、滤布、纤维、多孔陶瓷、烧结金属等
微滤	$0.2 \sim 2\mu m$	细菌、灰尘等	微滤膜、微孔陶瓷
超滤	$2nm \sim 0.2\mu m$	病毒、生物大分子等	超滤膜
反渗透	$< 2nm$	生物小分子、盐、离子	反渗透膜

① 粗滤　借助于过滤介质截留悬浮液中直径大于 $2\mu m$ 的大颗粒，使固形物与液体分离的技术。通常所说的过滤就是指粗滤。粗滤主要用于分离酵母菌、霉菌、动物细胞、植物细胞、培养基残渣及其他大颗粒固形物。

粗滤所使用的过滤介质主要有滤纸、滤布、纤维、多孔陶瓷、烧结金属

抽滤

等。在实际使用中，应选择孔径大小适宜、孔的数量较多且分布均匀、具有一定的机械强度、化学稳定性好的过滤介质。为了加快过滤速度、提高分离效果经常需要添加助滤剂。常用的助滤剂有硅藻土、活性炭、纸粕等。图3-6为过滤常用的布氏漏斗。

② 微滤　微滤又称为微孔过滤。微滤介质截留的物质颗粒直径为 0.2～2μm，主要用于细菌、灰尘等光学显微镜（图 3-7）可以看到的物质颗粒的分离。在无菌水、矿泉水、汽水等软饮料的生产中广泛应用。非膜微滤一般采用微孔陶瓷、烧结金属等作为过滤介质，也可采用微滤膜为过滤介质进行膜分离。

图 3-6　布氏漏斗

图 3-7　光学显微镜

（3）膜分离技术

借助于一定孔径的高分子薄膜，将不同大小、不同形状和不同特性的物质颗粒或分子进行分离的技术称为膜分离技术。膜分离所使用的薄膜主要是由丙烯腈、乙酸纤维素、玻璃纸以及尼龙等高分子聚合物制成的高分子膜，有时也可以采用动物膜等。膜分离过程中，薄膜的作用是选择性地让小于其孔径的物质颗粒或分子通过，而把大于其孔径的颗粒截留。膜的孔径有多种规格可供使用时选择。

知识拓展　北京冬奥会——膜分离技术大显身手

　　2022 年在北京和张家口举办的冬奥会上演了一场冰雪盛宴，在赛场保障方面，为保证冬奥会场馆高品质安全用水，河北省张家口市采用了北京理工大学研发的直饮水处理技术，对城区居民用水进行处理，确保水质达到国际直饮水标准。随着《科技冬奥 2022 行动计划》不断推进，冬奥会场馆里随处可以喝到安全放心的直饮水。此项处理技术应用到膜分离技术，避免了传统工艺中加"氯"对人体带来的二次伤害，同时彻底解决了网管二次污染难题，实现居民供水 100% 合格。由此体现了膜分离技术的工艺方便快捷。

① 加压膜分离技术　常见的加压膜分离技术有微滤、超滤、纳滤和反渗透技术。

a．微滤。微滤是以微滤膜（也可以用非膜材料）作为过滤介质的膜分离技术。微滤膜所截留的颗粒直径为 0.2～2μm。微滤过程所使用的操作压力一般在 0.1MPa 以下。在实验室和生产中通常利用微滤技术除去细菌等微生物，达到无菌的目的。例如，无菌室和生物反应器的空气过滤，热敏性药物和营养物质的过滤除菌，啤酒、无菌水、软饮料的生产等。

b．超滤。超滤是借助于超滤膜将不同大小的物质颗粒或分子分离的技术。超滤膜截留的颗粒直径为 20～2000Å（$1Å=10×10^{-10}m$），相当于分子量为 $1×10^3～5×10^5Da$。主要用于分离病毒和各种生物大分子。超滤膜一般由两层组成：表层厚度 0.4～5μm，孔径有多种规格，从 20～2000Å 组成系列产品，使用时可根据需要进行选择；基层厚度为 200～250μm，强度较高，使用时要将表层面朝向待超滤的物料溶液。若放错方向，则会使超滤膜受到破坏。超滤过程中，小于孔径的物质颗粒与溶剂（一般是水）分子一起透过膜孔流出。不同孔径的膜有不同的透过性。膜的透过性一般以流率表示。其过滤原理如图 3-8 所示。

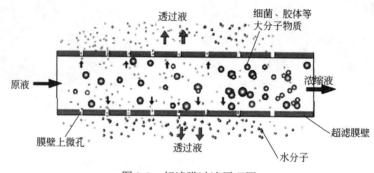

图 3-8　超滤膜过滤原理图

超滤的操作压力对超滤流率的影响比较复杂。一般情况下，压力增加，超滤的流率亦增加；但是对于一些胶体溶液，当压力高到一定程度后，再增加压力，超滤流率不再增加；对于一般溶质分子而言，压力增加时，其透过性降低；但是某些溶质分子可以随着压力增加而提高其透过性。

在酶的超滤分离过程中，压力一般由压缩气体来维持，操作压力一般控制在 0.1～0.7MPa。此外，适当提高温度、增加搅拌速度等都有利于提高超滤流率。但是温度和搅拌速度不能太高，以免引起酶的变性失活。超滤技术在酶工程方面不仅用于酶的分离纯化，还用于酶液浓缩。

c．反渗透。反渗透膜的孔径小于 20Å，被截留的物质分子质量小于 1000Da。通常操作压力为 0.7～1.3MPa，主要用于分离各种离子和小分子物质。在无离子水的制备、海水淡化等方面广泛应用。

② 电场膜分离　电场膜分离是在半透膜的两侧分别装上正、负电极。在电场作用下，小分子的带电物质或离子向着与其本身所带电荷相反的电极移动，透过半透膜，而达到分离的目的。电渗析和离子交换膜电渗析即属于此类。

a. 电渗析。用两块半透膜将透析槽分隔成 3 个室，在两块膜之间的中心室通入待分离的混合溶液，在两侧室中装入水或缓冲液并分别接上正、负电极，接正电极的称为阳极槽，接负电极的称为阴极槽，接通直流电源后，中心室溶液中的阳离子向负极移动，透过半透膜到达阴极槽，而阴离子则向正极移动，透过半透膜移向阳极槽，大于半透膜孔径的物质分子则被截留在中心室中，从而达到分离目的。实际应用时，可将上述相同的多个透析槽联在一起组成一个透析系统。

渗析时要控制好电压和电流强度，渗析开始的一段时间，由于中心室溶液的离子浓度较高，电压可低些。当中心室的离子浓度较低时，要适当提高电压。电渗析主要用于酶液或其他溶液的脱盐、海水淡化、纯水制备以及其他带电荷小分子的分离，也可以将凝胶电泳后的含有蛋白质或核酸等的凝胶切开，置于中心室，经过电渗析，使带电荷的大分子从凝胶中分离出来。

b. 离子交换膜电渗析。离子交换膜电渗析的装置与一般电渗析相同。只是以离子交换膜代替一般的半透膜。

离子交换膜的选择透过性比一般半透膜强。一方面它具有一般半透膜截留大于孔径的颗粒的特性，另一方面，由于离子交换膜上带有某种基团，根据同性电荷相斥、异性电荷相吸的原理，只让带异性电荷的颗粒透过，而把带同性电荷的物质截留。离子交换电渗析用在酶液脱盐、海水淡化，以及从发酵液中分离柠檬酸、谷氨酸等带有电荷的小分子发酵产物等。

③ 扩散膜分离　扩散膜分离是利用小分子物质的扩散作用，不断透过半透膜扩散到膜外，而大分子被截留，从而达到分离效果。常见的透析就是属于扩散膜分离。透析膜可用动物膜、羊皮纸、火棉胶或玻璃纸等制成。透析时，一般将半透膜制成透析袋、透析管、透析槽等形式。透析时，欲分离的混合液装

透析

在透析膜内侧，外侧是水或缓冲液。在一定的温度下，透析一段时间，使小分子物质从膜的内侧透出到膜的外侧。必要时，膜外侧的水或缓冲液可以多次或连续更换。

透析主要用于酶等生物大分子的分离纯化，从中除去无机盐等小分子物质。透析设备简单、操作容易。但是透析时间较长，透析结束时，透析膜内侧的保留液体积较大，浓度较低，难于工业化生产。

3.4.2.4　酶的提取

酶的提取是指在一定的条件下，用适当的溶剂或溶液处理含酶原料使其充分溶解到溶剂

或溶液中的过程，也称为酶的抽提。

酶提取时首先应根据酶的结构和溶解性质，选择适当的溶剂。一般说来，极性物质易溶于极性溶剂中，非极性物质易溶于非极性的有机溶剂中，酸性物质易溶于碱性溶剂中，碱性物质易溶于酸性溶剂中。酶都能溶解于水，通常可用水或稀酸、稀碱、稀盐溶液等进行提取，有些酶与脂质结合或含有较多的非极性基团，则可用有机溶剂提取。酶的主要提取方法见表3-3。

表3-3　酶的主要提取方法

提取方法	使用的溶剂或溶液	提取对象
盐溶液提取	0.02 ~ 0.5mol/L 的盐溶液	在低浓度盐溶液中溶解度较大的酶
酸溶液提取	pH 2 ~ 6 的水溶液	在稀酸溶液中溶解度较大且稳定性较好的酶
碱溶液提取	pH 8 ~ 12 的水溶液	在稀碱溶液中溶解度较大且稳定性较好的酶
有机溶剂提取	可与水混溶的有机溶剂	与脂质结合牢固或含有较多非极性基团的酶

从细胞、细胞碎片或其他含酶原料中提取酶的过程还受到扩散作用的影响。酶分子的扩散速度与温度、溶液黏度、扩散面积、扩散距离以及两相界面的浓度差有密切关系。一般说来，提高温度、降低溶液黏度、增加扩散面积、缩短扩散距离、增大浓度差等都有利于提高酶分子的扩散速度，从而增大提取效果。为了提高酶的提取率并防止酶的变性失活，在提取过程中还要注意控制好温度、pH 等提取条件。

（1）酶提取的方法

根据酶提取时所采用的溶剂或溶液的不同，酶的提取方法主要有盐溶液提取、酸溶液提取、碱溶液提取和有机溶剂提取等。

盐析

① 盐溶液提取　大多数蛋白类酶都溶于水，而且在低浓度的盐存在的条件下，酶的溶解度随盐浓度的升高而增加，这称为盐溶现象。而在盐浓度达到某一界限后，酶的溶解度随盐浓度升高而降低，这称为盐析现象。所以一般采用稀盐溶液进行酶的提取，盐的浓度一般控制在 0.02 ~ 0.5mol/L。例如，固体发酵生产的麸曲中的淀粉酶、蛋白酶等胞外酶，用 0.14mol/L 的氯化钠溶液或 0.02 ~ 0.05mol/L 磷酸缓冲液提取；酵母醇脱氢酶用 0.5mol/L 的磷酸氢二钠溶液提取；6-磷酸葡萄糖脱氢酶用 0.1mol/L 的碳酸钠溶液提取；枯草杆菌碱性磷酸酶用 0.1mol/L 氯化镁溶液提取。核酸类酶的提取，一般在细胞破碎后，用 0.14mol/L 的氯化钠溶液提取，得到核糖核蛋白提取液，再进一步与蛋白质等杂质分离得到 RNA 酶。

② 酸溶液提取　有些酶在酸性条件下溶解度较大，且稳定性较好，宜用酸溶液提取。提取时要注意溶液的 pH 不能太低，以免使酶变性失活。如胰蛋白酶可用 0.12mol/L 的硫酸溶液提取。

③ 碱溶液提取　有些在碱性条件下溶解度较大且稳定性较好的酶，应采用碱溶液提取。

例如，细菌 L-天冬酰胺酶可用 pH 11.0～12.5 的碱溶液提取。操作时要注意 pH 不能过高，以免影响酶的活性。同时加碱液的过程要一边搅拌一边缓慢加入，以免出现局部过碱现象，引起酶的变性失活。

④ 有机溶剂提取　有些与脂质结合牢固或含有较多非极性基团的酶，可以采用与水可混溶的乙醇、丙酮、丁醇等有机溶剂提取。如琥珀酸脱氢酶、胆碱酯酶、细胞色素氧化酶等，采用丁醇提取可以取得良好效果。在核酸类酶的提取中，可以采用苯酚水溶液。一般是在细胞破碎制成匀浆后，加入等体积的 90% 苯酚水溶液，振荡一段时间，DNA 和蛋白质沉淀于苯酚层，而 RNA 溶解于水溶液中。

（2）影响酶提取的主要因素

酶的提取，即酶从含酶原料中充分溶解到溶剂中的过程，受到各种外界条件的影响。其中主要影响因素是酶在溶剂中的溶解度以及酶向溶剂中扩散的速度。此外，还受到温度、pH、提取液体积等提取条件的影响。

① 温度　在不影响酶的活性的条件下，适当提高温度，有利于酶的提取。一般说来，适当提高温度，可以提高酶的溶解度，也可以增大酶分子的扩散速度，但是温度过高，则容易引起酶的变性失活，所以提取时温度不宜过高。特别是采用有机溶剂提取时，温度应控制在 0～10℃ 的低温条件下。有些酶对温度的耐受性较高，可在室温或更高的温度条件下提取，例如酵母醇脱氢酶、细菌碱性磷酸酶、胃蛋白酶等。

② pH　溶液的 pH 对酶的溶解度和稳定性有显著影响。酶分子中含有各种可离解基团，在一定条件下，有的可以离解为阳离子，带正电荷；有的可以离解为阴离子，带负电荷。在某一个特定的 pH 条件下，酶分子上所带的正、负电荷相等，净电荷为零，此时的 pH 即为酶的等电点。在等电点的条件下，酶分子的溶解度最小。不同的酶分子有其各自不同的等电点。为了提高酶的溶解度，提取时 pH 应该避开酶的等电点以提高酶的溶解度。但是溶液的 pH 不宜过高或过低，以免引起酶的变性失活。

③ 提取液的体积　增加提取液的用量，可以提高酶的提取率。但是过量的提取液，会使酶的浓度降低，对进一步的分离纯化不利。所以提取液的总量一般为原料体积的 3～5 倍，最好分几次提取。此外，在酶的提取过程中含酶原料的颗粒体积越小，则扩散面积越大，有利于提高扩散速度；适当的搅拌可以使提取液中的酶分子迅速离开原料颗粒表面，从而增大两相界面的浓度差，有利于提高扩散速率；适当延长提取时间，可以使更多的酶溶解出来，直至达到平衡。在提取过程中，为了提高酶的稳定性，避免引起酶的变性失活，可适当加入某些保护剂，如酶作用的底物、辅酶、某些抗氧化剂等。

3.4.3　酶的纯化原理和方法

酶的纯化通常包括浓缩（concentration）和除杂（edulcoration），其中，浓缩提高酶分子的浓度，减少操作样品的体积，为后续除杂做准备。除杂主要是指除去杂蛋白、无机离子及其他大分子物质等杂质，而后进一步浓缩，生产精制酶产品。酶的种类及纯度要求不同，生产中选择的纯化方法不尽相同。酶纯化方法的选择，主要依据酶分子与其他成分在溶解度、大小与形状、电荷离解性质、分子极性、亲和专一性及条件稳定性等方面的性质差异。酶的纯度要求越高（如医学、科研及分析用酶），一般需要用的纯化方法和步骤越多。

3.4.3.1　基于溶解度差异分离

基于溶解度差异分离是利用酶蛋白与杂蛋白之间在不同溶剂中溶解度不同，从溶液中沉淀析出与其他溶质分离的技术过程。其方法主要有盐析沉淀法、等电点沉淀法、有机溶剂沉淀法、复合沉淀法、选择性变性沉淀法等（表3-4）。

表 3-4　基于溶解度不同的分离方法

沉淀分离方法	分离原理
盐析沉淀法	利用蛋白质在不同盐浓度下溶解度不同的特性，通过在酶液中添加一定浓度的中性盐，使酶或杂质从溶液中析出沉淀，从而使酶与杂质分离
等电点沉淀法	利用两性电解质在等电点时溶解度最低，以及不同的两性电解质有不同的等电点这一特性，通过调节溶液的 pH，使酶或杂质沉淀析出，从而使酶与杂质分离
有机溶剂沉淀法	利用酶与其他杂质在有机溶剂中的溶解度不同，添加一定量的某种有机溶剂，使酶或杂质沉淀析出，从而使酶与杂质分离
复合沉淀法	在酶液中加入某些物质，使它与酶形成复合物而沉淀下来，从而使酶与杂质分离
选择性变性沉淀法	选择一定的条件使酶液中存在的某些杂质变性沉淀而不影响所需的酶，从而使酶与杂质分离

（1）盐析沉淀法

盐析沉淀法简称盐析法，是通过在酶液中添加一定浓度的中性盐，使酶或杂质从溶液中析出沉淀，从而使酶与杂质分离的过程。盐析法在酶的分离纯化中应用最早，而且至今仍在广泛使用的方法。主要用于蛋白类酶的分离纯化。蛋白质在水中的溶解度受到溶液中盐浓度的影响。一般在低盐浓度的情况下，蛋白质的溶解度随盐浓度的升高而增加，这种现象称为盐溶。而在盐浓度升高到一定程度后，蛋白质的溶解度又随盐浓度的升高而降低，结果使蛋白质沉淀析出，这种现象称为盐析。在某一浓度的盐溶液中，不同蛋白质的溶解度各不相同，由此可达到彼此分离的目的。

酶蛋白的水溶液是一种稳定的亲水胶体溶液，如果向溶液中加入一定量的中性盐，因为中性盐的亲水性比酶蛋白的亲水性大，它会结合大量的水分子，从而使酶蛋白分子表面的水膜逐渐消失，同时由于中性盐在溶液中解离出阴阳离子，中和了酶蛋白表面所带的电荷，其分子间的排斥力减弱，于是酶蛋白颗粒因不规则的布朗运动而相互碰撞，并在分子亲和力的作用下形成大的聚集物，而从溶液中沉淀析出。

在蛋白质的盐析中，通常采用的中性盐有硫酸铵、硫酸钠、硫酸钾、硫酸镁、氯化钠和磷酸钠等，其中以硫酸铵最为常用。这是由于硫酸铵在水中的溶解度大而且温度系数小（如在 25℃时，其溶解度为 767g/L；在 0℃时，其溶解度为 697g/L），不影响酶的活性，分离效果好，而且价廉易得。由于不同的酶有不同的结构，盐析时所需的盐浓度各不相同。此外，酶的来源、酶的浓度、杂质的成分等对盐析时所需的盐浓度亦有所影响。在实际应用时，可以根据具体情况，通过试验确定。

（2）等电点沉淀法

利用两性电解质在等电点时溶解度最低，以及不同的两性电解质有不同的等电点这一特性，通过调节溶液的 pH，使酶或杂质沉淀析出，从而使酶与杂质分离的方法称为等电点沉淀法（图 3-9）。

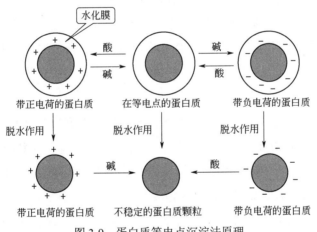

图 3-9　蛋白质等电点沉淀法原理

在溶液的 pH 等于溶液中某两性电解质的等电点时，该两性电解质分子的净电荷为零，分子间的静电斥力消除，使分子能聚集在一起而沉淀下来。由于在等电点时两性电解质分子表面的水化膜仍然存在，使酶等大分子物质仍有一定的溶解性，而使沉淀不完全。所以在实际使用时，等电点沉淀法往往与其他方法一起使用，例如，等电点沉淀法经常与盐析沉淀法、有机溶剂沉淀法和复合沉淀法等一起使用。单独使用等电点沉淀法，主要是从粗酶液中除去某些等电点相距较大的杂蛋白。在加酸或加碱调节 pH 的过程中，要一边搅拌一边慢慢加进，以防止局部过酸或过碱引起的酶变性失活。

（3）有机溶剂沉淀法

利用酶与其他杂质在有机溶剂中的溶解度不同，通过添加一定量的某种有机溶剂，使酶或杂质沉淀析出，从而使酶与杂质分离的方法称为有机溶剂沉淀法。

有机溶剂之所以能使酶沉淀析出，主要是由于有机溶剂的存在会使溶液的介电常数降低。例如，20℃时水的介电常数为80，而82%乙醇水溶液的介电常数为40。溶液的介电常数降低，就使溶质分子间的静电引力增大，互相吸引而易于凝集，同时，对于具有水膜的分子来说，有机溶剂与水互相作用，溶质分子表面的水膜破坏，使其溶解度降低而沉淀析出。

常用于酶的沉淀分离的有机溶剂有乙醇、丙酮、异丙醇、甲醇等。

有机溶剂沉淀法的分离效果受到溶液 pH 的影响，一般应将酶液的 pH 调节到欲分离酶的等电点附近。有机溶剂沉淀法析出的酶沉淀，一般比盐析法析出的沉淀易于离心或过滤分离，且不含无机盐，分辨率也较高；但是有机溶剂沉淀法容易引起酶的变性失活，必须在低温条件下操作，而且沉淀析出后要尽快分离，尽量减少有机溶剂对酶活力的影响。

（4）复合沉淀法

在酶液中加入某些物质，使其与酶形成复合物而沉淀下来，从而使酶与杂质分离的方法称为复合沉淀法。分离出复合沉淀后，有的可以直接应用，如菠萝蛋白酶用单宁沉淀法得到的单宁-菠萝蛋白酶复合物可以制成药物，用于治疗咽喉炎等；也可以再用适当的方法，使酶从复合物中析出而进一步纯化。常用的复合沉淀剂有单宁、聚乙二醇、聚丙烯酸等高分子聚合物。

（5）选择性变性沉淀法

选择一定的条件使酶液中存在的某些杂蛋白等杂质变性沉淀，而不影响所需的酶，这种分离方法称为选择性变性沉淀法。对于热稳定性好的酶，如 α-淀粉酶等，可以通过加热进行热处理，使大多数杂蛋白受热变性沉淀而被除去。此外，还可以根据酶和所含杂质的特性，通过改变 pH 或加进某些金属离子等使杂蛋白变性沉淀而除去。

由于选择性变性沉淀法是使杂质变性沉淀，而又要对酶没有明显影响，所以在应用该法之前，必须对欲分离的酶以及酶液中的杂蛋白等杂质的种类、含量及其物理、化学性质有比较全面的了解。

3.4.3.2　基于电荷差异分离

（1）离子交换层析

离子交换层析是依据被分离物质与分离介质间异种电荷的静电引力的不同而进行物质分离的。离子交换剂是含有若干活性基团的不溶性高分子物质，是通过在不溶性高分子物质（母体，如树脂、纤维素、葡聚糖等）中引入可解离的活性基团而制成的，这些基团在水溶液中可与其他阳离子或阴离子起交换作用。按照离子交换剂的不同又可分为：阳离子交换剂

（cation exchanger），其活性基团为酸性，与阳离子发生交换作用；阴离子交换剂（anion exchanger），其活性基团为碱性，与阴离子发生交换作用。解离基团为强电离基团的称为强离子交换剂，如磺酸基是强阳离子交换剂。而带有弱解离基团的称为弱离子交换剂，如羧甲基是弱酸性阳离子交换剂。

蛋白质的离子交换过程分为两个阶段，即吸附和解吸附。吸附在离子柱上的蛋白质可以通过改变 pH 或增强离子强度，使加入的离子与蛋白质竞争离子交换剂上的电荷位置，从而使吸附的蛋白质与离子交换剂解离。不同蛋白质与离子交换剂形成的键数不同，即亲和力大小有差异，因此只要选择适当的洗脱条件就可将蛋白质混合物中的组分逐个洗脱下来，达到分离纯化的目的。

实际操作过程中，离子交换柱的柱长通常为柱径的 4～5 倍。离子交换剂如 CM-纤维素或 DEAE-纤维素，在装柱前充分溶胀（在 10 倍量的蒸馏水中溶胀一夜或在 100℃沸水浴中溶胀 1h 以上），倾析除去过细粒子，然后用 2～3 倍量的 0.5mol/L HCl 和 0.5mol/L NaOH 溶液进行循环转型，每次转型维持 10～15min。对于阳离子交换剂，转型次序为酸-碱-酸，而阴离子交换剂则为碱-酸-碱，经平衡缓冲液平衡，即可进行层析操作。

加入柱中的蛋白质量一般为柱中交换剂干重的十分之一到二分之一之间，样品体积也尽可能小，以得到理想的分辨率。洗脱时，可以通过提高洗脱液的离子强度，减弱蛋白质分子与载体亲和力的方法，逐一洗脱各蛋白质组分，也可改变洗脱液的 pH，使蛋白质分子的有效电荷减少而被解吸洗脱。其原理图如图 3-10 所示。

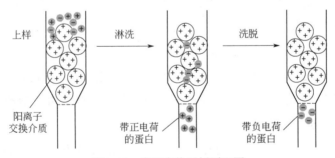

图 3-10　离子交换层析原理图

Liu 采用大孔弱碱性阴离子交换树脂同步分离纯化亚硫酸氢镁预处理液中木质素磺酸盐和低聚木糖，很好地实现了小麦秸秆中纤维素、半纤维素和木质素三种组分的分级分离，减缓了废液带来的环境压力，同时为小麦秸秆的全质化利用提供了技术支持。

（2）聚焦层析

聚焦层析是利用样品中各组分等电点的差异和离子交换行为的不同建立的分离纯化方法。此方法既有聚焦作用的性能，又有浓缩和分离样品的作用，可分离纯化蛋白质、核酸。聚焦层析既具有等电点性质的高分辨率，又具有离子交换层析分离的大容量的特点。其原理如图 3-11 所示。

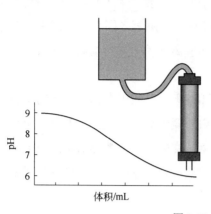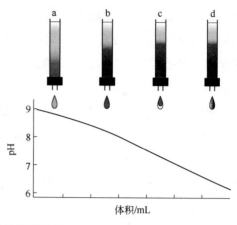

图 3-11　聚焦层析原理图

进行蛋白质分离时，先使柱内的载体（称多元缓冲交换剂）处于较高的 pH 环境中，加入样品后，用 pH 低于被分离物等电点的多元缓冲液洗脱，刚开始时，因环境 pH 高于蛋白质的等电点，蛋白质带负电而被载体吸附，随着环境 pH 逐渐降低至等电点以下，开始产生解吸现象，并被洗脱液洗脱下移。待分离组分在洗脱过程中不断发生洗脱-吸附-解吸等过程，直至流出层析柱。多元缓冲液在层析柱中形成稳定的 pH 梯度（图 3-11），酶液中的各个组分在此系统中会移动到与其等电点相当的 pH 位置上，从而使不同等电点的组分得以分离。

（3）电泳

电泳分离是根据在电场作用下，带电分子由于电荷性质和荷电多少的不同，向两极泳动的方向和速度也不相同的原理进行的。泳动的速率同时也受带电分子本身形状和大小的影响，为了尽可能减少对流作用，电泳在浸透电泳缓冲液的介质上进行（纸、纤维素粉末、淀粉或聚丙烯酰胺凝胶），通过考马斯亮蓝等染色剂染色显示出电泳后蛋白质区带的位置。电泳分离的蛋白质量通常较小（约数毫克），常用作分析使用，但现在也有进行制备性的电泳，用这一方法制备的酶可从介质上洗脱，或从电泳柱底部依次流出。

① SDS-聚丙烯酰胺凝胶电泳　简称 SDS-PAGE，是最常用的一种蛋白质表达分析技术（图 3-12）。此项技术是根据蛋白质分子量大小的不同，使其在电泳胶中分离。用于检测蛋白质的表达情况以及分析目的蛋白质的纯度等。

蛋白质中含有很多的氨基和羧基，不同的蛋白质在不同的 pH 下表现出不同的电荷，为了使蛋白质在电泳中的迁移率只与分子量有关，通常会在上样前进行一些处理，即在样品中加入含有 SDS 和 β-巯基乙醇的上样缓冲液。SDS 即十二烷基磺酸钠，是一种阴离子表面活性剂，它可以断开分子内和分子间的氢键，破坏蛋白质分子的二级和三级结构；β-巯基乙醇是强还原剂，它可以断开半胱氨酸残基之间的二硫键。

电泳样品加入样品处理液后，经过高温处理，其目的是将 SDS 与蛋白质充分结合，以使蛋白质完全变性和解聚，并形成棒状结构，同时使整个蛋白质带上负电荷；样品处理液中通

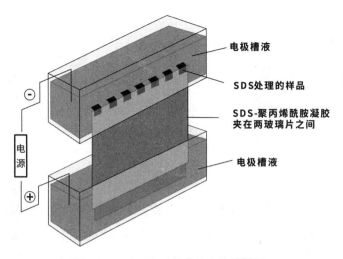

电极槽液

SDS处理的样品

SDS-聚丙烯酰胺凝胶
夹在两玻璃片之间

电极槽液

电源

⊖

⊕

图 3-12 SDS-聚丙烯酰胺电泳装置图

常还加入溴酚蓝染料，用于监控整个电泳过程；另外样品处理液中还加入适量的蔗糖或甘油以增大溶液密度，使加样时样品溶液可以快速沉入样品凹槽底部。当样品上样并接通两极间电流后（电泳槽的上方为负极，下方为正极），在凝胶中形成移动界面并带动凝胶中所含 SDS 负电荷的多肽复合物向正极推进。样品首先通过高度多孔性的浓缩胶，使样品中所含 SDS 多肽复合物在分离胶表面聚集成一条很薄的区带。

② 等电聚焦电泳　每一种蛋白质都有其特有的等电点（pI），如果电场中某一处的 pH 等于某一蛋白质的等电点，由于此时该蛋白质所带净电荷为零，不再移动，等电聚焦用的缓冲液由一系列带有不同电荷性质的（因而有不同的 pI 值）被称为两性电解质的聚氨基酸组成。当酶试样加在凝胶的一端进行电泳时，由于两性电解质分子量小，泳动快，因此先在电场中形成一梯度。蛋白质分子则受电场作用在这一 pH 梯度中各自迁移，直到迁移到与其等电点相同的位置，经过分别洗脱，就可得到纯化的样品。

随着科学的进步和技术的发展，目前已经出现固相 pH 梯度（IPG）技术提高等电聚焦电泳的重复性。IPG 干胶条是采用了新的缓冲液系统（immobiline buffer）建立在凝胶里的固相 pH 梯度。Immobiline 是丙烯酰胺的衍生物，分子结构简单（一共不超过十种）。在凝胶制备时，"固相 pH 梯度缓冲液"分子与凝胶溶液的分子组成共价键。所以，当凝胶聚合后，不需要预电泳，梯度已经非常稳定地维持在凝胶里了。

3.4.3.3　基于分子大小和形状差异分离

（1）凝胶过滤层析原理

凝胶过滤层析（gel filtration chromatography，GFC）又称分子筛、分子排阻层析等，是以多孔凝胶为固定相（stationary phase），利用流动相（mobile phase）中各组分分子大小的差异，流过凝胶的速度不同，进而达到物质分离的一种层析技术（图 3-13）。

凝胶过滤层析

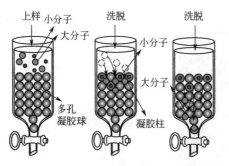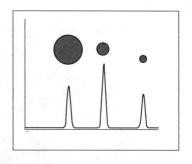

图 3-13　凝胶过滤层析原理图

凝胶过滤层析柱中装有多孔网状结构的凝胶，当含有多种组分的混合液流经凝胶层析柱时，直径大于凝胶孔径的大分子物质由于不能进入凝胶内部的网状空穴中，完全被排阻在凝胶颗粒之外，只能在凝胶颗粒之间的空隙随流动相向下流动，以较快的速度流过凝胶柱，首先被洗脱出来；直径较小的分子能进入凝胶的微孔内部，不断地进出于凝胶颗粒的微孔内外，运动受到的阻力大，因而向下移动的速度较慢，后被洗脱出来。混合溶液中各组分向下移动时，其能够按照分子量由大到小的顺序先后流出层析柱，进而达到分离的目的。

混合液中各组分的流出顺序，常采用分配系数 K_d 的大小来衡量。K_d 的计算公式如下：

$$K_d = \frac{V_e - V_o}{V_i}$$

式中，V_e 为洗脱体积，表示某一组分从加样到洗脱最高峰出现时，所需的洗脱液体积；V_o 为外体积，即为层析柱内凝胶颗粒间空隙的体积；V_i 为内体积，即为层析柱凝胶颗粒内部微孔的总体积。如果某组分的分配系数 $K_d=0$，即 $V_e=V_o$，表明该组分完全不能进入凝胶微孔，洗脱时所受阻力最小，最先流出；如果某组分的分配系数 $K_d=1$，即 $V_e=V_o+V_i$，则该组分可自由扩散进入凝胶颗粒内部，洗脱时所受阻力最大，最后流出；如果某组分的分配系数 K_d 在 0～1 之间，说明该组分介于大分子和小分子之间，可以进入凝胶的微孔，但是扩散速度较慢，洗脱时按 K_d 值由小到大的顺序先后流出。

(2) 凝胶的种类

目前，最常用的凝胶主要是葡聚糖凝胶、琼脂糖凝胶及聚丙烯酰胺凝胶等。

① 葡聚糖凝胶　一类以葡聚糖为单体,经 3-氯-1,2-环氧丙烷交联以醚键连接聚合而成空间网状结构的凝胶。稳定性强，能在水溶液、盐溶液、碱溶液、弱酸溶液或有机溶剂中稳定存在，并且耐高温，120℃处理 30min 凝胶不变性。对被分离物质的选择性主要与凝胶的交联度有关。交联度越大，凝胶吸水膨胀越小，孔径越小，可分离的物质直径越小；交联度越小，凝胶吸水膨胀越大，孔径越大，可分离的物质直径越大。

② 琼脂糖凝胶　一种以琼脂为原料，剔除其中酸性基团制备而成的网眼状凝胶。凝胶内部孔径较大，允许较大的分子进出，特别适合大分子物质如高分子蛋白质、多糖、病毒、

细胞器及 DNA 的分离。与葡聚糖凝胶相比，琼脂糖凝胶的机械强度大，筛孔不易变形，样品流速快，适合大规模酶蛋白的分离。但是其不耐酸、碱，在干燥环境中易破裂，需保存在含防腐剂的近中性液体中。

③ 聚丙烯酰胺凝胶　是一种人工合成的凝胶，由丙烯酰胺和亚甲基双丙烯酰胺交联共聚而成，可用于一般蛋白质（酶）、核酸等的分离纯化。聚丙烯酰胺是一种惰性凝胶，适合于各种酶、蛋白质、核酸等的分离纯化，一般在 pH 2～11 范围内使用。商品名称有多种，如生物胶-P（Bio-gel P）等。

以上 3 种为基础凝胶，人们在此基础上根据需求又开发出 sephacryl、superdex 及 superose 等分离目的性更强、分辨率更高的凝胶。

（3）凝胶的选择与处理

凝胶过滤柱色谱的操作一般包括：色谱介质的平衡、装柱、加样、洗脱以及与此同时进行的流出液成分的收集和检测。

如果凝胶为干粒，使用前需加入 5～10 倍量的蒸馏水使其充分溶胀，必要时可加热甚至煮沸 2～3h，另外，需排尽凝胶内部的气体，可采取抽气减压的方式除去。

装柱后上样前要用缓冲液充分洗涤，使溶剂和凝胶达到平衡。扩展时需控制合适的流速，商品凝胶一般有各自的推荐流速，基本在 0.1～0.3mL/min 范围内，另外，应保证流速稳定。

洗脱液的组成一般不直接影响过滤效果，通常不带电荷的物质可用蒸馏水洗脱，荷电溶质可用磷酸盐之类的缓冲液洗脱，离子强度应控制在 0.02mol/L 左右，pH 由酶的稳定性和酶的溶解度决定。如果色谱产品接下来要进行冷冻干燥，则可采用挥发性的缓冲液。

凝胶过滤层析技术操作条件温和，一般不引起酶蛋白的变性，特别适用于酶蛋白的分离。目前，该技术已用于纤维素酶、木聚糖酶、极限糊精酶、多酚氧化酶等的提取及分离纯化。凝胶过滤层析技术经常和离子交换层析、亲和层析等技术联合使用，才能达到较好的分离效果。

3.4.3.4　疏水层析的原理与应用

疏水层析

疏水层析最早由 Hofstee 于 1973 年提出，是利用盐-水体系中待分离样品组分的疏水基团和固定相的疏水配基（如丁烷、辛烷或苯等基团）之间疏水相互作用（hydrophobic interaction）的差异，使用流动相洗脱时各结合组分在介质中迁移速率的不同，进而实现样品分离的一种层析方法（图 3-14）。

在蛋白质分子中，多数疏水性氨基酸残基埋藏于分子内部，少数残基位于表面。这些暴露的疏水性氨基酸残基可以与固定相交联的疏水性配基通过疏水相互作用而结合。蛋白质分子与固定相介质结合的紧密程度与蛋白质的疏水性有关，蛋白质分子裸露的疏水残基越多，其疏水性越强（极性越弱），与固定相介质的结合力就越强；反之，则疏水性弱（极性强），与介质的结合力弱。另外，疏水相互作用还与溶液离子强度、pH 和柱温等因素有关。

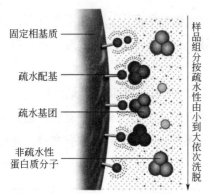

图 3-14 蛋白质分子疏水层析分离原理图

左侧标注（自上而下）：固定相基质、疏水配基、疏水基团、非疏水性蛋白质分子

右侧竖排标注：样品组分按疏水性由小到大依次洗脱

疏水层析是酶蛋白分离纯化中最常用的纯化技术之一，其显著优点主要与蛋白质疏水性质有关，如分辨率高，一步纯化能除去绝大部分杂蛋白、糖类和脂质等，且能同时浓缩蛋白质；在高盐浓度溶液中蛋白质的疏水作用大，特别适合盐析后的蛋白质样品分离；疏水性配基种类多，价格便宜，适于酶蛋白的大规模纯化操作；有利于保持酶蛋白的稳定性等。

目前，疏水层析技术广泛用于溶菌酶、乳酸脱氢酶、纳豆激酶、酸性蛋白酶、聚乙二醇修饰核糖核酸酶 A、脂肪酶、葡聚糖酶、氨基酰化酶、小鼠肝中氨基甲酰磷酸合成酶 I 和鸟氨酸转氨酶等多种生物酶的分离纯化研究。

疏水层析介质主要由不溶性基质和疏水配基组成。常用的基质为多孔颗粒（直径 5 ~ 200μm），能为配基提供足够的接触面积，主要成分是琼脂糖、纤维素、壳聚糖、甲基丙烯酸酯树脂、聚苯乙烯树脂或硅胶等（表 3-5）。

表 3-5　部分商品化疏水层析介质

基质	配基
琼脂糖	丁烷基
聚苯乙烯树脂	苯基
甲基丙烯酸酯树脂	二乙醚基、丁烷基、己烷基、苯基等
硅胶	丙烷基、二元醇基、戊烷基等

注意事项：使用疏水层析法分离酶蛋白时，其分离效果除与待分离蛋白的疏水性质有关外，还与层析介质的性质（如基质的种类、配基的种类、链长和密度等）、流动相（如盐的种类、浓度和 pH）及操作温度等因素有关。因此，对具体蛋白分子的分离，需选择适宜的分离体系和操作条件。

3.4.3.5　基于亲和性差异分离

由于酶对底物、竞争性抑制剂、辅酶等配体具有较高的亲和力，而其他杂蛋白对它们没有或有很弱的亲和作用，因此可以根据酶、杂蛋白与配体亲和力的差异将酶分离出来。已建立的方法有亲和层析法、亲和电泳法、免疫吸附层析法等。

（1）亲和层析法

亲和层析的核心是亲和吸附剂。亲和吸附剂一般是由固相载体和能与目的酶专一可逆结合的配体共价结合成的。用亲和吸附剂填充层析柱，让酶溶液流过层析柱，则目的酶就能迅速而又选择性地吸附在亲和吸附剂上，用适当的溶

亲和层析

液进行洗涤，除去一些非专一性的杂质后，再用浓度高的、亲和力强的配体溶液进行亲和洗脱，酶便脱离层析柱上的配体而流出柱外。亲和层析原理示意图如图 3-15。

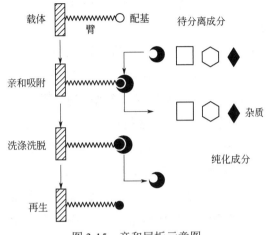

图 3-15　亲和层析示意图

①　载体　固相载体可采用纤维素、葡聚糖凝胶、聚丙烯酰胺凝胶、琼脂糖凝胶或交联琼脂糖凝胶（Sepharose CL-4B、6B）等。但一般认为，琼脂糖凝胶和交联琼脂糖凝胶较好。

作为载体应符合以下要求：具备和配体进行偶联反应的大量功能基团；必须是亲水性的，具有一定的机械强度、结构疏松，以使酶与配基自由地接触；惰性，没有或者很少非专一性吸附；化学性质稳定，能适应偶联、吸附、洗脱等操作过程中各种 pH、温度、离子强度甚至变性剂如脲、盐酸胍等反复处理，并有良好的流体力学性质。

②　配体和臂　配体要性质适当，要使配体连在载体上往往需要经过几步反应。直接将配体偶联于载体上得到的亲和层析剂，常因配体和载体间相距太近，而酶的活性中心一般又处在酶分子的内部，往往影响到酶与配体间的亲和作用。如果在配体和载体间加上连接臂，便可提高亲和作用。

③　配基的选择　利用亲和层析纯化酶，配基的选择较为关键。配基一般要求符合以下的要求：a. 配基-酶的解离常数的选择范围应大于 10^{-8}mol、小于 10^{-4}mol，如果解离常数太小，配基与酶的结合太强，亲和洗脱困难；解离常数太大，酶与配基的结合太松散，不能达到专一性亲和吸附的目的；b. 配基上必须具有供偶联反应的活泼基团，而且当它们与载体（或臂）结合后，不能影响酶的亲和力；c. 配基的偶联量太高也会造成过强的亲和吸附而洗脱困难，同时带来空间位阻和非专一性吸附，偶联量太低时，造成分离效率低，一般配基偶联量应控制在 1 ~ 20μmol/mL 膨润胶。

④　对臂长要求　如果载体与配基间的距离太近，往往需要加臂，以改善吸附效果。臂的长短必须适合，太长易断裂，往往产生非专一性吸附，太短起不到应有效果。一般对臂有

如下要求：a. 具有与载体和配体进行偶联反应的功能基团；b. 能经得起偶联、洗脱等操作过程的化学处理和条件的变化；c. 亲水，但又不能带电荷。在实践中常采用的配体有：碳氢链类如 α、ω-二胺化合物，α、ω-氨基羧酸；聚氨基酸如聚 DL-丙氨酸、聚 DL-赖氨酸等；某些天然蛋白质如白蛋白等。

⑤ 亲和层析的操作过程　在制备了亲和吸附剂后，进行预处理与平衡、装柱、加样、洗涤和洗脱、脱盐与再生等基本过程。亲和吸附与 pH、离子强度、温度等吸附条件有关。因此，首先要确定一个吸附的最适条件。吸附剂与样品间的比例有一定的关系，样品体积一般控制在柱床体积的 1%～5%，蛋白质浓度不要超过 20～30mg/mL。

洗涤是为了除去杂质，一般用平衡时所用的缓冲液进行洗涤。洗脱的条件是在不引起酶变性失活的情况下，尽量削减酶与配基间的相互作用力而使酶从吸附剂转移至洗脱液中，一般分为非专一性洗脱和专一性洗脱。非专一性洗脱，根据洗脱条件可采用以下多种方法。

① 改变温度的洗脱。有些酶如吸附于 Amp-Sepharose 的激酶和脱氢酶，只要用线性温度梯度洗脱，就能达到洗脱的目的。解吸过程一般是吸热过程，因此提高温度可解吸。

② 改变 pH、离子强度及溶剂系统组成进行洗脱。亲和作用力中静电引力、范德华力、疏水作用都是一些重要的相互作用力。改变 pH 和离子强度来降低和削弱静电引力，甚至使酶和配基间的引力转变为排斥力；另外加入与水混溶的溶剂如乙二醇、二甲基砜等能降低溶剂表面的张力，或加入促溶离子可以破坏水的结构并削弱疏水作用从而达到较好的洗脱效果。专一性洗脱，首先是亲和洗脱，即使用浓度更高的配基溶液或亲和力高的底物溶液进行洗脱，如用马铃薯淀粉吸附淀粉酶、鱼肉磷酸酶，用糖原溶液洗脱。其次是电泳洗脱，被吸附在吸附剂上的各种物质，当置于电场中时，便会按照其电荷性质向相反的方向移动，这样也可以达到洗脱目的。

③ 使用一些蛋白质可逆变性剂。如脲、盐酸胍等在低 pH 条件下，使酶构型发生可逆变化从而解离下来，并很快从酶溶液中除去这些物质。研究人员以亲和层析的方法大量获取了耐有机溶剂糖基转移酶 NJPI29。

(2) 亲和电泳法

用亲和配基共价偶联于电泳凝胶（如聚丙烯酰胺凝胶）上，由于亲和作用，待分离酶与配基结合后，在电泳中不会移动，而其他杂蛋白不与配基结合，将按照其电泳淌度分离开来。以聚丙烯酰胺凝胶亲和电泳为例，需制备以下三种胶。

① 浓缩胶　其作用是将样品浓缩成薄层。由厚度约 5mm 的大孔径胶组成。

② 亲和胶　由厚度约 5mm 的大孔径胶组成，凝胶上共价偶联了亲和配基。

③ 分离胶　由不带配基的小孔径胶组成。

亲和电泳法操作与圆盘电泳相似。该方法分离量小。

(3) 免疫吸附层析法

免疫吸附层析法是根据抗原与抗体具有高度专一亲和作用的原理，将某种酶的抗体连接到不溶性的载体上，再用这个带抗体的层析柱来分离相应的酶。其过程包括：

① 以传统方法制备纯酶并准备免疫动物（家兔）。

② 用免疫沉淀法或其他免疫化学方法检测兔血中的酶抗体。

③ 从兔血中分离纯化出酶抗体。

④ 将抗体连接到经 CNBr 活化的琼脂糖凝胶上。

⑤ 将粗制的抗原（酶）样品上柱、洗涤、洗脱。

抗体-抗原的解离常数一般在 $10^{-10} \sim 10^{-8}$ 之间，为减少洗脱的困难，有时使用一些促溶剂，如 NH_4CNS、$LiCl$、$MgCl_2$，来减少抗体-抗原间的相互作用力，但使用浓度不能过高，否则会引起酶变性。而作为免疫吸附剂的单克隆抗体的制备比较简单，作为抗原的酶不需要很纯，在筛选分泌特异抗体的细胞株时，便可以筛除无关的抗体的细胞株；通常免疫小鼠需抗原(酶)少，甚至 $50\mu g$ 足够；作为抗原的酶可含有不同的抗原决定簇，因而同一抗原可产生许多不同的单克隆抗体。其中 K_d 适中（$10^{-8} \sim 10^{-6} mol$）的单克隆抗体，连接于琼脂糖上，既吸附作为抗原的酶，也解决了洗脱困难的问题。

3.4.4 酶的浓缩、结晶和干燥

经以上技术分离得到的酶液，一般浓度较低，体积大，不便于保存、运输，在成品前需进行浓缩、结晶和干燥等处理。

3.4.4.1 酶的浓缩

酶的浓缩是指除去酶溶液中的部分水及其他溶剂，使酶蛋白本身浓度提高的过程，可减少酶分离或结晶过程中所需相关试剂的用量和废液的排出，降低纯化和废液物质的回收成本，并减轻对环境的污染。另外，酶液浓缩后还可以减少干燥所需的时间和酶活力损失，降低干燥成本。在工业生产中，常用的酶浓缩方法除盐析法之外，还有如下浓缩方法。

（1）吸附浓缩

吸附浓缩（adsorption concentration）是利用离子交换层析技术进行酶液浓缩的一种方法。依据酶蛋白的荷电性质，选择合适的固定相离子交换剂，当稀酶液流经固定相时，酶蛋白分子被交换吸附，溶剂不被吸附而流出。被吸附的酶蛋白分子可使用少量的盐溶液洗脱，从而实现浓缩。

（2）透析浓缩

将待浓缩的酶液放入透析袋，扎紧后置于较浓的聚乙二醇、聚乙烯吡咯烷酮或蔗糖溶液中，或将这些物质的粉末直接涂于透析袋外表，利用这些物质的吸水特性使酶液浓缩的方法，称为透析浓缩。透析袋法不需要特殊的仪器，是实验室最常用的酶溶液浓缩方法之一。

（3）蒸发浓缩

在较低温度下，通过减压抽真空而降低酶溶液的沸点，加快水分或其他溶剂的蒸发速率而使酶浓缩的方法，称为蒸发浓缩（evaporation concentration）。影响蒸发的因素主要是溶剂

的性质、温度、压力和蒸发面积。工业生产中常采用薄膜蒸发浓缩法,使酶溶液在真空条件下形成极薄的液膜,增大其与热空气的接触面积,使溶剂成分瞬间蒸发而达到浓缩的要求。该法操作时间短、浓缩效率高,但是蒸发过程易造成酶蛋白失活,只适合一些耐热酶的浓缩。图3-16为常用的蒸发浓缩设备——旋转蒸发仪。

图 3-16 旋转蒸发仪

3.4.4.2 酶的结晶

结晶是指采用特殊的理化方法,使酶蛋白以晶体形式从溶液中析出的过程,是酶分离纯化的一种手段,也是研究酶的空间结构与功能的前提。影响酶结晶的因素主要是酶的浓度与纯度、结晶温度、溶液 pH 及离子强度等。其中,较高的纯度和浓度是蛋白质结晶的先决条件,一般酶蛋白纯度和浓度越高,越易结晶;在不影响酶蛋白活性的前提下,较高温度有助于提高饱和状态下蛋白质的浓度,再次降温时有利于晶体的形成和析出;一定离子强度下,溶液 pH 在等电点附近时,酶蛋白的溶解度最低,易结晶析出。因此,在酶蛋白结晶前需将酶溶液纯化、浓缩至一定程度,同时应控制结晶时的温度、溶液 pH 及离子强度等,才能够获得结构完整、大小均一的晶体。

3.4.4.3 酶的干燥

干燥(drying)是指在低温条件下进一步减少酶液中的水分,获得具有较高稳定性的粉末状或颗粒状固态酶,是酶纯化过程中的最后一步。液体酶易失活,不便保藏、运输,需经干燥制成粉末或颗粒状的固体酶制剂(enzyme preparation)。干燥过程溶剂的挥发速率主要取决于酶液表面的温度、压力、表面积及空气流通方式等。一般情况下,温度越高、液面面积越大、压力越小、空气流通越快,酶液干燥速率就越快。然而,实际生产中并非干燥速率越大越好,需控制在一定范围。常用的酶液干燥方法如下。

干燥

(1) 真空干燥

真空干燥(vacuum drying)是通过抽真空,使密闭干燥器中的酶液在较低温度条件下蒸发干燥的过程。真空干燥装置包括真空泵、真空干燥器和冷凝器等 3 部分(图 3-17),分别为酶的干燥提供真空环境、干燥场所和水蒸气凝结收集器等。为保证酶的活性,真空干燥的温度一般在 60℃以下。

(2) 冷冻干燥

冷冻干燥(freeze drying)是先将酶液降温到冰点以下,使之冻结成固态,然后在低温下抽真空,使冰直接升华为气体,而得到干燥的酶制剂。

冷冻干燥得到的酶质量较高，结构保持完整，活力损失少，但是成本较高。特别适用于对热非常敏感而价值较高的酶类的干燥。冷冻干燥技术是在第二次世界大战期间，因大量需要血浆和青霉素而发展起来的技术，凡是对热敏感、易氧化、在溶液中不稳定的物质均可采用该法干燥。

（3）喷雾干燥

喷雾干燥（spray drying）是通过喷雾装置（图3-18）将酶液喷成直径仅为几十微米的雾滴，分散于热气流中，水分迅速蒸发而得到粉末状的干燥酶制剂。

喷雾干燥

喷雾干燥由于酶液分散成为雾滴，直径小，表面积大，水分迅速蒸发，只需几秒钟就可以完成干燥。在干燥过程中，由于水分迅速蒸发，吸收大量热量，使雾滴及其周围的空气温度比气流进口处的温度低，只要控制好气流进口温度，就可以减少酶在干燥过程中的变性失活。

图 3-17　真空干燥箱

图 3-18　小型喷雾干燥仪

（4）气流干燥

气流干燥（air drying）是在常压条件下，利用热气流直接与固体或半固体的物料接触，使物料的水分蒸发而得到干燥制品的过程。

气流干燥设备简单、操作方便，但是干燥时间较长，酶活力损失较大。需要控制好气流温度、气流速度和气流流向，同时要经常翻动物料，使之干燥均匀。

（5）吸附干燥

吸附干燥（adsorption drying）是在密闭的容器中用各种干燥剂吸收物料中的水分，达到干燥的目的。常用的吸附剂有硅胶、无水氯化钙、氧化钙、无水硫酸钙、五氧化二磷以及各种铝硅酸盐的结晶等，可以根据需要选择使用。

3.4.5 酶的纯度检验及保存

3.4.5.1 酶纯度的检验

酶纯化的目标是使酶制剂具有最大的催化活性和最高纯度。经分离纯化的酶，应设法检验其纯度，以判断是否有进一步纯化的必要。许多分离方法都可用于检验酶的纯度。应该注意，由于酶分子结构高度复杂，任何单独一种鉴定方法都只能认为是酶分子均一性的必要条件而不是充分条件，不同的检验方法检验结果可能不完全一致，因此，酶的纯度应注明达到哪种纯度，如电泳纯、层析纯、HPLC（高效液相色谱）纯等。如图3-19所示为高效液相色谱仪。

图 3-19 高效液相色谱仪

HPLC

知识拓展 气质联用技术

气质联用（GC-MS）技术是一种结合气相色谱和质谱的特性，在试样中鉴别不同物质的方法。GC-MS 可用于药物检测、火灾调查、环境分析、爆炸调查和未知样品的测定，也可用于为保障机场安全测定行李和人体中的物质。随着当前职业病危害因素的种类越来越多，以及突发性职业病危害事故的发生，GC-MS 技术将会利用气相色谱的高柱效、高分离度的定量功能以及质谱对位置样品的定性功能，在职业卫生检测工作中发挥举足轻重的作用。

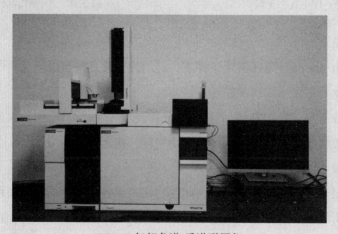

GC-MS 气相色谱-质谱联用仪

常用的酶纯度的检验方法有超速离心法、电泳、SDS-聚丙烯酰胺凝胶电泳法、等电聚焦电泳法、*N*-末端分析、免疫法等。

电泳

琼脂糖凝胶电泳

SDS-聚丙烯酰胺凝胶电泳

（1）超速离心法

超速离心法需在专用的超速离心机上进行，通过观察离心过程中样品的沉降峰等检测酶的纯度，具体采用的方法有沉降速度法和沉降平衡法。该法不适用于检测少量杂质（小于5%）。

（2）SDS-聚丙烯酰胺凝胶电泳法

一般实验室常用电泳法检验酶的纯度，电泳法所用样品少（10μg 左右），速度快（2~4h），操作简便，分辨率较高，使用最多的是聚丙烯酰胺凝胶电泳。因此，用聚丙烯酰胺凝胶电泳鉴定酶的纯度时，应根据被检测酶分子量的大小，选用合适孔径的凝胶。SDS（十二烷基硫酸钠）可使蛋白质变性，使蛋白质肽链舒展，并按每两个氨基酸残基一个 SDS 分子的比例与蛋白质结合，其结果使得每个蛋白质分子所带电荷基本相同。因此，电泳迁移率只与蛋白质分子量的大小有关。如果被检测的酶含不同分子量的亚基，那么即使是纯酶，SDS-聚丙烯酰胺凝胶电泳仍会按亚基分子量的大小显示出多个条带。当聚丙烯酰胺的孔径约为被分离的酶分子平均大小的一半时，分离效果最佳。此方法所用仪器如图 3-20 和图 3-21 所示。

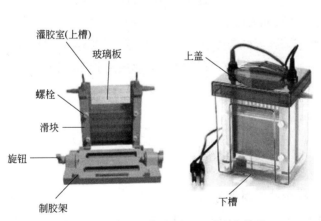

图 3-20　SDS-聚丙烯酰胺凝胶电泳模具

图 3-21　凝胶成像系统

（3）等电聚焦电泳法

此法分辨率较高，可将蛋白质按照等电点的大小一一分开，可以检测出其他方法无法区别的电荷差异很小的同工酶。如人胎盘雌二醇 17β-脱氢酶用普通电泳法在 pH 为 6.2、pH 为

7.8 条件下电泳结果为一条带，但等电聚焦电泳还可分辨出其他 5 条微弱的区带。该法的缺点是仪器试剂昂贵，操作较为复杂。

（4）*N*-末端分析

肽链 *N*-末端分析可用于酶纯度的检测。通常如果酶分子只有一条肽链组成，理论上只能检测出一种 *N*-末端的氨基酸，如酶分子含有多个亚基，则检测的 *N*-末端氨基酸数目与亚基数一致。有些酶分子由于 *N*-末端的氨基和肽链中的羧基形成环状结构，在这种情况下不能采用该法检测纯度。

（5）免疫法

利用抗原-抗体间的免疫反应可检测酶的纯度，常用的有免疫扩散法和免疫电泳法。这两种方法都应预先准备好被测酶蛋白的抗血清。在免疫扩散法中，通常将纯化制得的酶样品和抗血清分别加到琼脂凝胶板上小孔中，让其自由扩散，通过观察抗原-抗体形成的沉淀弧的数量和形状来分析酶的纯度。免疫电泳是将酶样品经电泳分离后，再将抗血清加到抗体槽中进行双向扩散，使其形成沉淀弧。免疫电泳法是利用扩散和电泳两种方法将不同抗原分开，故其灵敏度比单纯的免疫扩散法要高得多。

免疫法的优点是灵敏度和特异性高，且不受体液中其他物质的影响，特别是抑制剂和激活剂的影响，当血液中有酶抑制剂存在，或因基因缺陷，合成了无活性的酶蛋白时，可以测出灭活的酶蛋白量，有利于疾病诊断和科学研究。

人物风采　应汉杰院士

南京工业大学应汉杰教授创新性地将细胞的代谢与遗传特性开发成为能量调控、细胞时空调控和细胞集群调控等系列调控细胞代谢反应的普适性技术，显著提升了细胞代谢反应过程的产品得率和生产效率。尤其是所发明的细胞集群调控技术，在全球工业规模实现了细胞的长期连续使用，为提升生物制药以及其他工业生物技术产品的生产效率提供了新的工程科技解决方案。

3.4.5.2　酶的保存

（1）影响酶稳定的因素

不同的酶稳定性不一致，影响酶稳定性的因素有以下几种。

① 温度　大多数酶可在低温条件（0~4℃）下使用、处理和保存。但是有些酶，它的高级结构的稳定性与疏水键有关，如粗糙链孢霉的谷氨酸脱氢酶等，则应慎重。许多酶可在液氮或-80℃中冻结保存，如微球菌核酸酶、血清碱性磷酸酯酶等；特别是加入 25%~50%的甘油或多元醇时这种保护作用更明显，甚至可用于冷敏的酶。

② pH 和缓冲液　大多数酶仅在各自特定的 pH 范围内稳定，超出此范围则迅速失效。

但是少数低分子量酶如溶菌酶、核糖核酸酶等在酸性 pH 条件下相当稳定。缓冲液的种类有时也会影响酶的稳定性，如 Tris-HCl 缓冲液在 pH7.5 以下除了缓冲能力较弱外，还能抑制某些酶的活性。此外，有些酶在磷酸缓冲液中冻结也会引起失活。

③ 酶蛋白浓度　酶的稳定性虽因酶性质和纯度而异，但是一般情况下，酶蛋白在高浓度时较为稳定，而在低浓度时则易解离、吸附，进而发生表面变性而失效。

④ 氧化剂　某些酶为巯基酶，可能由于巯基氧化而在空中逐渐失活。这种情况下加入 1mmol/L 乙二胺四乙酸（EDTA）或二硫苏糖醇（DTT）等可增加稳定性。

为保证酶有较高的稳定性，除应避免上述不适宜的条件外，最常用的办法是加入某些稳定试剂。

(2) 提高酶稳定性的方法

① 添加底物、抑制剂和辅酶　这是现在广泛采用的办法，例如，添加柠檬酸稳定顺乌头酸酶，添加竞争性抑制剂安息香酸钠或辅基 FAD 可稳定 D-氨基酸酶等。它们的作用可能是通过降低局部的能级，使处于不稳定状态的扭曲部分转入稳定状态。

② 添加巯基保护剂　如谷胱甘肽、二巯基乙醇(但易自动氧化)和 DTT 等。

③ 其他　添加某些低分子无机离子，例如 Ca^{2+} 能保护 α-淀粉酶，Mn^{2+} 能稳定溶菌酶，Cl^- 能稳定透明质酸酶等。它们的作用机理可能是防止酶的肽链伸展。添加表面活性剂，例如，许多酶配制于 1%苯烷水溶液中，即使在室温条件下其催化活力也能维持相当长的时间。还有高分子化合物如血清白蛋白、多元醇，特别是甘油和蔗糖等是近年来常用的低温保存添加剂。此外，在某些情况下，丙酮、乙醇等有机溶剂也显示出一定的稳定作用。最后，为了防止微生物污染，可加入甲苯、苯甲酸和百里酚等，它们对大多数酶通常没有不良影响；当然也可以通过细菌漏斗过滤低温保存。

固体酶制剂稳定性一般较高，它们含水量非常低，有的可在暗冷处保存数月甚至一年以上而不损失活力。制作成固体酶制剂也是一种提高酶稳定性、保存酶的好方法。

人物风采　**欧阳平凯院士**

南京工业大学欧阳平凯教授是我国著名的生物化工专家，2001 年被增选为中国工程院院士。欧阳平凯院士组织和建成了国家生物技术研究中心，创造性地提出运用组合合成的方法构建与优化生物化工过程，在复杂的酶系中将反应与反应组合、反应与分离组合、反应与生物膜组合，使我国纤维蛋白降解产物（FDP）、L-丙氨酸、L-苯丙氨酸、L-苹果酸的生产技术达到了国际先进水平，首创了利用反应与分离偶合技术在高固含量拟低共熔体系所实现的单槽过程，大幅度提高了反应速度与产物浓度，缩短了流程，降低了成本；研发了包括气升式等系列高效生物反应器、生物分离等单元操作装置，率先形成批量生产与工程配套能力，促进了我国用生物技术生产专用化学品新领域的发展。

1. 填空题

(1) 超滤的工作原理是_____，适用于处理_____。

(2) 凝胶过滤层析技术中常用的凝胶种类有_____、_____、_____。

(3) 在蛋白质的盐析中，通常采用的中性盐是_____。

(4) 离子交换层析的原理是_____。

(5) 电泳分离是根据在电场作用下，_____的不同，向两极泳动的方向和速度也不相同的原理进行的。

2. 选择题

(1) 酶的提取是（　　）的技术过程。

A. 从含酶物料中分离获得所需酶

B. 从含酶溶液中分离获得所需酶

C. 使胞内酶从含酶物料中充分溶解到溶剂或者溶液中

D. 使酶从含酶物料中充分溶解到溶剂或者溶液中

(2) 在凝胶层析的洗脱过程中，（　　）。

A. 分子量最大的分子最先流出

B. 分子量最小的分子最先流出

C. 蛋白质分子最先流出

D. 盐分子最先流出

(3) 超滤过程中，主要的推动力是（　　）。

A. 浓度差 　　　　　　　　B. 电势差

C. 压力 　　　　　　　　　D. 重力

(4) 在等电聚焦电泳系统中，形成 pH 梯度的主要原因是（　　）。

A. 系统中有 pH 梯度支持介质

B. 系统中有两性电解质载体

C. 系统中有不同等电点的蛋白质

D. 系统中阳极槽装酸液，阴极槽装碱液

3. 简答题

(1) 酶的纯化过程与一般的蛋白质纯化过程相比，有何特点?

(2) 酶分离纯化的主要原则是什么?

（3）亲和层析的操作过程包括哪些步骤?

（4）在固体酶制剂的生产过程中，常用的干燥方法有哪些?

4. 案例题

某公司实验室保存的菌种里氏木霉，其发酵生产的纤维素酶中含有部分蛋白质杂质，经分析测得酶的比活力不高，请设计一个适合纤维素酶分离纯化的工艺路线。

4 酶的固定化

✈ **项目导读**

酶的固定化是指采用有机或无机固体材料作为载体，将酶包埋起来或束缚、限制于载体的表面和微孔中，使其仍具有催化活性，并可回收及重复使用的方法与技术。酶的固定化还包括新型无载体酶固定化技术。通过所学知识进行酶的固定化及其工艺优化。酶的固定化技术可提高酶的使用效率，提升酶的稳定性，生产过程中固定化酶的反应条件易于控制，催化过程易控制，适合连续化、自动化生产，提高酶的利用效率。

📄 **学习目标**

知识目标	能力目标	素质目标
1．掌握酶的固定化的原理和方法及固定化酶的特点。 2．掌握酶固定化载体的选择方法和依据。 3．了解酶的新型固定化技术和材料	1．能够根据要求选择酶的固定化方法并进行酶的固定化操作。 2．能够依据要求选择固定化酶的载体。 3．能够阐述固定化酶的优点以及在日常生活中的应用	1．培养学生具备理论联系实际、实事求是的工作态度。 2．增强学生的民族自豪感和国家认同感，激发学生的爱国主义情怀。 3．培养学生严谨细致、精益求精的求实精神，勇于拼搏的敬业精神，追求极致的工匠精神

4.1 任务书 脂肪酶的固定化

4.1.1 工作情景

某公司在生产过程中发现脂肪游离酶的拆分效果好，但酶的回收困难、重复使用性差，造成产品成本居高不下。实验室研发团队以脂肪酶生产铜绿假单胞菌为基础，完成脂肪酶制备和不同固定化载体的选择，完成脂肪酶固定化工艺优化，并对游离酶和固定化酶活力进行比较。检测过程中脂肪酶活力按照 GB/T 23535—2009 相关规定执行，过程记录完整，质控检测合格。

4.1.2 工作目标

1. 能够完成脂肪酶固定化载体的选择。
2. 能够完成脂肪酶的固定化。
3. 考察固定化酶的表征。

4.1.3 工作准备

4.1.3.1 任务分组

学生任务分配表

班级		组号		指导教师	
组长		学号			
组员	姓名	学号		姓名	学号

任务分工

问题反馈

4.1.3.2 获取任务相关信息

（1）自主学习酶的固定化基础知识，写出目前常用的酶的固定化方法。

（2）查阅相关背景资料，总结固定化酶相较于游离酶具备哪些优点?

_____

_____

_____

（3）在教师的指导下，根据查阅的资料绘制任务流程图。

4.1.3.3 制订工作计划

按照收集信息和决策过程，填写工作计划表、试剂使用清单、仪器使用清单和溶液制备清单。

工作计划表

步骤	工作内容	负责人	完成时间
1	脂肪酶的制备		
2	脂肪酶的固定化		
3	脂肪酶固定化条件的优化		
4	考察固定化脂肪酶的表征		

试剂使用清单

序号	试剂名称	分子式	试剂规格	用途

仪器使用清单

序号	仪器名称	规格	数量	用途

溶液制备清单

序号	制备溶液名称	制备方法	制备量	储存条件

4.2 工作实施

检查该项目任务准备情况，确定实施时间以及主要流程，实施任务。

4.2.1 脂肪酶的制备

查阅资料，简要描述以铜绿假单胞菌发酵生产脂肪酶的步骤和过程。

4.2.2　脂肪酶的固定化

（1）简要说明载体在固定化前需要进行哪些预处理。

（2）记录脂肪酶固定化的步骤。

（3）固定化脂肪酶和游离酶活力的比较。

① 准备活力测定试剂溶液。

② 绘制对硝基苯酚标准曲线。

③ 测定游离酶和固定化酶的活力。

④ 测定固定化脂肪酶和游离蛋白质浓度。

⑤ 比较脂肪酶活力。

（4）比较不同载体对脂肪酶固定化的影响。简述步骤。

记录不同载体对脂肪酶固定化的影响。

不同载体对脂肪酶固定化的影响

载体	固定化酶活力/(U/g)	蛋白吸附量/(mg/g 载体)	酶活力回收率/%	蛋白吸附率/%	比活力/(U/mg)
硅胶					
硅藻土					
AB-8					
D4020					
D3520					
D290					
D301					
D311					
D151					

4.2.3 脂肪酶固定化条件的优化

(1) 查阅资料，考察固定化时间对脂肪酶固定化效率的影响。简述步骤。

记录固定化时间对脂肪酶固定化效率的影响。

固定化时间对脂肪酶固定化效率的影响

时间/h	0	1	2	4	6	12	16	20	24
游离酶活力/U									
固定化酶活力/U									
回收效率/%	—								

(2) 小组讨论：固定化温度对脂肪酶固定化效率的影响。简述步骤。

记录温度对脂肪酶固定化效率的影响。

温度对脂肪酶固定化效率的影响

温度/℃	20	25	30	35	40	45
游离酶活力/U						
固定化酶活力/U						
回收效率/%						

（3）比较游离酶和固定化酶最适反应温度和温度稳定性。简述步骤。

（4）比较游离酶和固定化酶最适反应 pH 以及 pH 稳定性。简述步骤。

（5）考察戊二醛浓度对脂肪酶固定化效率的影响。简述步骤。

记录戊二醛浓度对脂肪酶固定化效率的影响。

戊二醛浓度对脂肪酶固定化效率的影响

0.25%	0.5%	1%	2%	5%

(6) 考察不同添加剂（添加量分别为 1%和 5%）对脂肪酶固定化效率的影响。简述步骤。

记录不同添加剂对脂肪酶固定化效率的影响。

不同添加剂（添加量分别为 1%和 5%）对脂肪酶固定化效率的影响

添加剂	1%	5%
聚乙二醇 2000		
Triton X-100		
环糊精		
葡萄糖		
D-果糖		
乳糖		
牛血清白蛋白		

4.2.4 考察固定化脂肪酶的表征

（1）固定化脂肪酶扫描电镜图。

（2）固定化脂肪酶傅里叶变换红外光谱图。

4.3 工作评价与总结

4.3.1 个人与小组评价

（1）评价固定化脂肪酶的催化效果。

（2）和小组成员分享工作的成果。

以小组为单位，运用 PPT 演示文稿、纸质打印等形式在全班展示，汇报任务的成果与总结，其余小组对汇报小组所展示的成果进行分析和评价，汇报小组根据其他小组的评价意见对任务进行归纳和总结。

个体评价与小组评价表

考核任务	自评得分	互评得分	最终得分	备注
脂肪酶的制备				
脂肪酶的固定化				
脂肪酶固定化条件的优化				
考察固定化脂肪酶的表征				

学生改错	学生学会的内容

学生总结与反思：

4.3.2　教师评价

按照客观、公平和公正的原则，教师对任务完成情况进行综合评价和反馈。

教师综合反馈评价表

评分项目			配分	评分细则	自评得分	小组评价	教师评价
职业素养（55分）	纪律情况（15分）	不迟到，不早退	5分	违反一次不得分			
		积极思考，回答问题	5分	根据上课统计情况得1~5分			
		有书本、笔记及项目资料	5分	按照准备的完善程度得1~5分			
	职业道德（20分）	团队协作、攻坚克难	10分	不符合要求不得分			
		认真钻研、有创新意识	10分	按认真和创新的程度得1~10分			
	5S（10分）	场地、设备整洁干净	5分	合格得5分，不合格不得分			
		服装整洁，不佩戴饰物，规范操作	5分	合格得5分，违反一项扣1分			
	职业能力（10分）	总结能力	5分	自我评价详细，总结流畅清晰，视情况得1~5分			
		沟通能力	5分	能主动并有效表达沟通，视情况得1~5分			
核心能力（45分）	撰写项目总结报告（15分）	问题分析，小组讨论	5分	积极分析思考并讨论，视情况得1~5分			
		图文处理	5分	视准确具体情况得5分，依次递减			
		报告完整	5分	认真记录并填写报告内容，齐全得5分			
	编制工作过程方案（30分）	方案准确	10分	完整得10分，错项漏项一项扣1分			
		流程步骤	5分	流程正确得5分，错一项扣1分			
		行业标准、工作规范	5分	标准查阅正确完整得5分，错项漏项一项扣1分			
		仪器、试剂	5分	完整正确得5分，错项漏项一项扣1分			
		安全责任意识及防护	5分	完整正确，措施有效得5分，错项漏项一项扣1分			

4.4 知识链接

4.4.1 传统酶固定化技术

酶的固定化是用固体材料将酶束缚或限制在一定区域内，但仍能进行其特有的催化反应，并可回收及重复使用的一类技术。酶固定化的方法有物理法和化学法两大类。物理方法包括物理吸附法、包埋法等，其优点在于酶不参加化学反应，整体结构保持不变，酶的催化活性得到很好保留。但是，由于包埋物或半透膜具有一定的空间或立体阻碍作用，因此对一些反应不适用。化学法是将酶通过化学键连接到天然的或合成的高分子载体上，使用偶联剂通过酶表面的基团将酶交联起来，而形成分子量更大、不溶性的固定化酶的方法。与游离酶相比，固定化酶在保持其高效专一、反应温和等特性的同时，又克服了游离酶的不足，更加稳定，易于回收，可重复使用。

4.4.1.1 吸附法

利用各种固体吸附剂将酶或含酶菌体吸附在其表面而使酶固定化的方法称为物理吸附法，简称吸附法（图4-1）。

吸附法常用的吸附剂有活性炭、氧化铝、硅藻土、多孔陶瓷、多孔玻璃、硅胶、羟基磷灰石等。吸附法制备固定化酶，操作简便，条件温和，不会引起酶的变性失活。载体价廉易得，而且可反复使用。吸附法主要依赖离子键、氢键及疏水键固定酶分子，但酶与载体的结合不牢，易受反应介质的pH、离子强度等的影响而从载体上脱落。

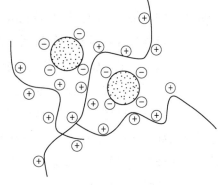

图4-1 吸附法原理图

影响酶吸附与解吸的因素较多，主要有：温度、介质中的离子强度、pH、酶浓度及酶和载体的特性等。pH 的变化将影响载体和酶表面的电荷，从而影响载体对酶的静电吸附。盐对吸附的影响较为复杂，对不同类型的吸附影响会截然不同。载体的表面积、多孔性及其预处理都对酶的吸附有不同程度的影响。温度的升高会使吸附力下降。

4.4.1.2 包埋法

将酶或含酶菌体包埋在多孔载体中使酶固定化的方法称为包埋法。包埋法的载体主要有：明胶、聚酰胺、琼脂、琼脂糖、聚丙烯酰胺、光交联树脂、海藻酸钠、火棉胶等。包埋法根据载体材料和方法的不同，可以分为凝胶包埋法和微囊包埋法。凝胶包埋法是将酶或含酶菌体包埋在各种凝胶内部的微孔中，制成一定形状的固定化酶的方法。微囊包埋法是将酶包埋在高分子半透膜中，制成微囊固定化酶的方法。包埋法制备工艺简便且条件较为温和，可获得较高的酶活力回收率，如图4-2。但是，包埋法中高分子凝胶或半透膜的分子尺寸选择性不利于大分子底物与产物的扩散。

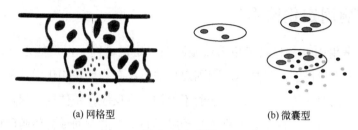

(a) 网格型   (b) 微囊型

图4-2　包埋法

4.4.1.3　结合法

将适宜的载体与酶通过共价键或离子键与酶结合在一起而制成固定化酶的方法，称为结合法（图4-3）。

根据酶与载体结合的化学键的不同，结合法可分为离子键结合法和共价键结合法。离子键结合法常用的载体是各种离子交换剂。以离子键结合法制备固定化酶，操作简便，酶活力损失少，但是结合不牢固，在pH和离子强度等条件变化时酶容易脱落。共价键结合法制备的固定化酶，结合牢固，酶不易脱落，可连续使用相当长的时间，但载体的活化操作比较复杂，结合过程反应较激烈而使酶活力损失较大。

结合法所用的载体可分为有机高分子载体、无机载体和复合载体。在有机高分子载体中，天然高分子凝胶载体一般无毒性，传质性能好，但存在强度较低、在厌氧条件下容易被细菌分解和寿命短等问题。常见的载体有琼脂、海藻酸钠、明胶、甲壳素和壳聚糖等。而合成高分子凝胶载体一般强度较大，但传质性能较差，会对酶的活性产生影响。常见的载体有聚丙烯酰胺和聚乙烯醇等。近年来，人们又合成出许多具有优良性能的新载体，如：聚乙烯醇冷冻胶、聚乙烯醇氧化物、无孔聚苯乙烯、聚苯乙烯磺酸钠、对苯二酚和甲醛聚合物凝胶、球状纤维素单宁树脂、多孔醋酸纤维素等。以无机材料为固定化酶载体具有一些有机材料不具备的特性，如稳定性好、机械强度高、对微生物无毒性、不易被微生物分解等。复合载体材料是将有机材料和无机材料复合组成，以改进材料的性能。磁性高分子微球是近年来研究较多的一类复合载体材料。

4.4.1.4　交联法

借助功能试剂使酶分子之间发生交联作用而制成固定化酶的方法，称为交联法，如图4-4。游离酶的氨基酸残基与双官能团或多功能团交联剂反应而被固定化可得酶蛋白单位浓度较高的固定化酶。常用的双功能试剂有戊二醛、己二胺、顺丁烯二酸酐、双偶氮苯等，其中应用最广泛的是戊二醛。

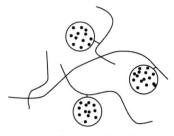

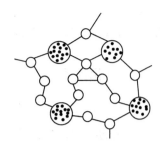

图 4-3　结合法　　　　　　　　　　图 4-4　交联法

用交联法制备的固定化酶结合牢固，可长时间使用。但是，由于交联反应较激烈，酶活力损失较大。实际使用时，往往与其他固定化方法一起联合，如将酶先经凝胶包埋后，再经交联等。这种采用两种或多种方法进行固定化的技术，称为双重或多重固定化法，用此法制备的固定化酶活性高，机械强度好。

4.4.1.5　热固定化法

将含酶细胞在一定的温度下加热一段时间，使酶固定在菌体内的方法，称为热固定化法。热固定化法只适合于热稳定性较好的酶。在加热处理时，一定要掌握好加热温度和时间，以免引起酶的变性失活。

各种酶固定化方法均有各自的优点和不足，但固定化酶载体均应具备以下要求：在酶催化反应过程中具有惰性。载体应不与底物、产物及介质发生反应。有良好的渗透性。制备成柱子后，能使底物和产物快速通过，减少吸附。有生物亲和性和相容性，有利于酶活力发挥和稳定。有较高酶负载量，载体表面能提供多个活性位点以利于与酶分子偶联。

常见酶固定化的方法比较如表 4-1 所示。

表 4-1　常见酶固定化方法的特点比较

比较项目	吸附法	结合法		交联法	包埋法
物理、化学方法分类	物理吸附	共价键结合	离子键结合	化学键连接	物理包埋
制备难易	易	难	易	较难	较难
固定化程度	弱	强	中等	强	强
活力回收率	较高	低	高	中等	高
载体再生	可能	不可能	可能	不可能	不可能
费用	低	高	低	中等	低
底物专一性	不变	可变	不变	可变	不变
适用性	酶源多	较广	广泛	较广	小分子底物、药用酶

4.4.2　新型固定化技术和新型固定化载体

4.4.2.1　新型固定化技术

传统的酶固定化方法虽在一定程度上可以增强生物催化剂的稳定性，但增强幅度有待进一步提高，并且在此过程中，失活的酶量较大；因此目前不断地有新的载体和技术引入酶的固定化领域，如无载体固定化技术、定点固定化技术等。

（1）无载体固定化技术

交联酶晶体（cross-linked enzyme crystals，CLECs）是指通过交联剂将水溶液中的酶晶体交联成一种具有稳定结构及性能的晶态物质（如图4-5），其既具有酶的高活性、高选择性、反应条件温和等特点，又具有固相催化剂的环境适应性强、易回收等优势，从而使其在有机合成中应用较广。CLECs是一种无需载体、既有纯蛋白的高度特异活性又对有机溶剂具有高度耐受性的生物催化剂。

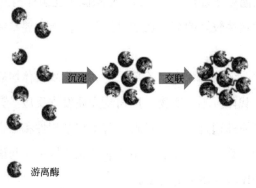

游离酶

图4-5　CLECs制备示意图

交联酶聚集体（cross-linked enzyme aggregates，CLEAs）技术是一种将蛋白质先沉淀后交联形成不溶性的、稳定的固定化酶，是通过基本纯化的、高浓度的蛋白质样品的共价交联来实现的。具有对酶的纯度要求不高、不需要结晶等复杂步骤、稳定性好、活性高、成本低、空间效率高、易于推广等特点。

（2）定点固定化技术

定点固定化技术（site-specific immobilization）是将酶和载体在酶的某些特定位点进行连接，使酶在载体表面按一定的方向排列，并使酶的活性位点面朝载体表面的外侧排列，此种排列方式有利于底物进入酶的活性中心区域，从而显著提高固定化酶活性。这种有序的定点固定化技术已应用于生物芯片、生物传感器、生物反应器、临床诊断、药物设计、亲和层析以及蛋白质结构和功能的研究。

① 疏水定向固定法　细胞黏着分子（cell adhesion molecule，CAM）是介导细胞-细胞、

细胞-底物黏着、细胞发育和细胞信号发生的分子。根据细胞黏着分子的作用方式可分为 4 个家族：免疫球蛋白超家族；钙黏着蛋白家族（如 E-钙黏着蛋白、P-钙黏着蛋白、N-钙黏着蛋白）；选择素家族和整合素等。后两种家族的细胞黏着分子是钙依赖性的，而免疫球蛋白超家族则是非钙依赖性的。细胞黏着分子和其他细胞表面分子通常通过疏水作用固定在脂质膜上，磷脂锚定是常选择的方式。疏水定向固定法可保持蛋白质分子结构、生理活性及天然构象。

② 氨基酸置换法　利用基因定点突变技术在蛋白质分子表面合适位置置换一个氨基酸分子，通过该氨基酸残基特殊的侧链基团控制固定方向。半胱氨酸为低频氨基酸，在蛋白质分子中的出现频率约为 2%，其氨基可以与载体的碘乙酰基团发生烷基化反应。

③ 抗体偶联法　多数抗体具有足够的稳定性，可承受各种活化与偶联处理。抗体分子中有很多可供偶联的功能基团，如可以通过赖氨酸的 ε-氨基或末端氨基、天冬氨酸的 β-氨基、谷氨酸的 γ-氨基或末端羧基进行一般性的偶联。抗体的二硫键还原后形成的半分子亦可以提供远离抗原结合位点的巯基作为偶联位点。

④ 酶与金属离子连接　金属螯合载体可以和蛋白质表面供电子的氨基酸，如组氨酸的咪唑基、半胱氨酸的巯基以配位作用紧密结合。关于利用多聚组氨酸标签与金属螯合物或金属离子载体之间的亲和作用固定化酶已有很多报道（图 4-6）。一般用于固定化的过渡金属离子有 Ni^{2+}、Co^{2+}、Cu^{2+}、Zn^{2+}、Mn^{2+}或 Fe^{3+}，其中主要是 Co^{2+}和 Ni^{2+}。组氨酸残基上的咪唑环可与这些过渡金属形成稳定的螯合键，为了捕获二价过渡金属离子，固定化材料需通过次氮基三乙酸或亚氨基二乙酸修饰。这种方法广泛用于固定化金属离子亲和层析技术（immobilized metal ion-affinity chromatography，IMAC）纯化蛋白。酶回收时添加一个竞争性配体（例如咪唑或组氨酸）或通过 EDTA 络合作用移除金属离子，因而固定过程是可逆的。

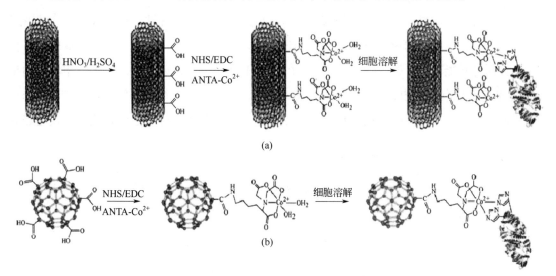

图 4-6　带有组氨酸标签的 NADH 氧化酶定向固定在多壁碳纳米管和碳纳米球原理图

4.4.2.2 酶固定化过程中的新载体

（1）介孔材料

孔道的结构和尺寸对酶活力及稳定性有着明显的影响。目前，大孔道、高比表面积和高孔容的新型介孔材料不断被引入酶固定化领域，因为大孔道、高比表面积、高孔容的介孔材料中酶的负载量大，有利于固定化与催化过程中酶蛋白和底物、产物之间的传输，从而能提高酶的固定化和催化效果（图4-7）。

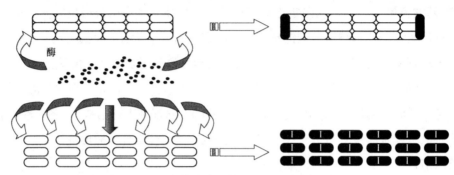

图4-7　孔道大的酶介孔材料的酶负载量明显提高

（2）纳米管

碳纳米管是由石墨片层卷曲而成的无缝纳米管，可将生物分子如氨基酸、蛋白质、酶、DNA 等结合在碳纳米管表面或端口上。碳纳米管的内表面与酶之间存在稳定的相互作用，用于维持管内酶蛋白结构稳定且保留相当的催化活力，并且用其制成电极能够有效实现底物氧化及电子的传递。硅纳米管用于固定化酶时，能够保持酶的活性，提高酶的热稳定性及对pH 的耐受性。

（3）磁性高分子微球

磁性高分子微球是由无机磁性纳米粒子与有机高分子通过包埋法、单体聚合法合成的具有磁响应性和微球特性的粒子（图4-8）。通过共聚合和表面改性，磁性高分子微球表面可被赋予多种活性功能基团（如—OH、—COOH、—CHO 等）。无机磁性纳米粒子应用较多的是Fe_3O_4。磁性微球有良好的表面效应和体积效应：比表面积较大，微球官能团密度较高，选择性吸附能力较强，吸附平衡时间较短；选择磁响应性，可以避免粒子之间在使用中发生磁性

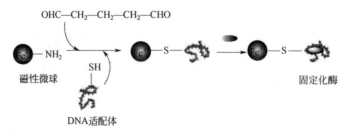

图4-8　磁性微球-适配体固定化酶

团聚；物理化学性质稳定，具备一定的机械强度和化学稳定性，能耐受一定浓度的酸碱溶液和微生物的降解；表面本身具有或通过表面改性赋予多种活性的功能基团，这些功能基团可以连接生物活性物质。

（4）离子液体

离子液体是一种新的绿色溶剂，在生物催化反应中具有以下特点：在离子液体中酶有良好的选择性、稳定性和反应活性。离子液体可溶解极性大的反应物，产物易分离，酶和离子液体可重复使用。

离子液体是由有机正离子，如烷基吡啶离子、季铵盐离子、烷基咪唑离子等和不同的负离子组成的低熔点的有机熔盐，在室温或低温下是液体。离子液体可以和水、常用有机溶剂互溶，但和大多数醚、烷烃不溶，因此可以用醚、烷烃来萃取产物。离子液体可以通过改变正负离子及烷基碳的长短调节其极性和亲水性，故又被称为"可设计溶剂"。Erbeldinger 等报道了用嗜热菌蛋白酶在缓冲溶液饱和的[BMIM] [PF$_6$]中催化合成阿斯巴甜，开创了在离子液体中生物催化研究的新领域（图4-9）。

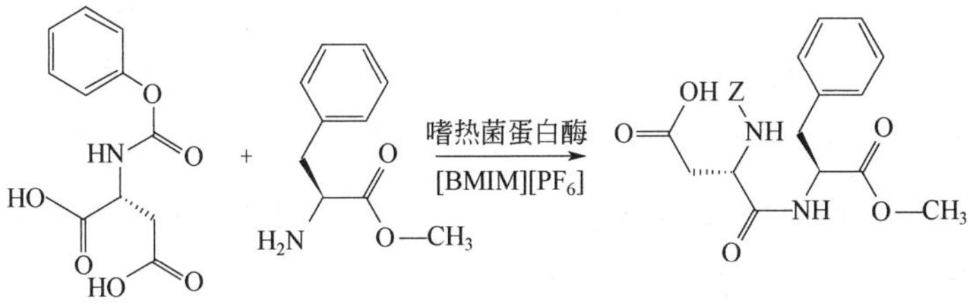

图4-9 离子液体中嗜热菌蛋白酶催化合成阿斯巴甜的反应

4.4.3 固定化酶的特性

在固定化酶的使用过程中必须了解其特性并对操作条件加以适当的调整。现将固定化酶的主要特性介绍如下。

4.4.3.1 稳定性

固定化酶的稳定性一般比游离酶的稳定性好，主要体现在：对热的稳定性提高，可以耐受较高的温度；保存稳定性好，可以在一定条件下保存较长时间；对蛋白酶的抵抗性增强，不易被蛋白酶水解；对变性剂的耐受性提高，在尿素、有机溶剂和盐酸胍等蛋白质变性剂的作用下，仍可保留较高的酶活力等。

4.4.3.2 最适温度

固定化酶的最适作用温度一般与游离酶差不多，活化能也变化不大。但有些固定化酶的最适温度会有较明显的变化。例如，用重氮法制备的固定化胰蛋白酶和胰凝乳蛋白酶，其作用的最适温度比游离酶高 5~10℃；以共价键结合法得到的固定化色氨酸酶，其最适温度比游离酶高 5~15℃。同一种酶，在采用不同的方法或不同的载体进行固定化后，其最适温度也可能不同，例如，氨基酰化酶用 DEAE-葡聚糖凝胶经离子键结合法固定化后，其最适温度（72℃）比游离酶的最适温度（60℃）高 12℃；用 DEAE-纤维素固定化的，其最适温度（67℃）比游离酶提高 7℃，而用烷基化法得到的固定化氨基酰化酶，其最适温度却比游离酶的有所降低。由此可见，固定化酶作用的最适温度可能会受到固定化方法和固定化载体的影响，需要在使用时要加以注意。

4.4.3.3　最适 pH

酶经固定化后，其作用的最适 pH 往往会发生一些变化。影响固定化酶最适 pH 的因素主要有两个：一个是载体的带电性质，另一个是酶催化反应产物的性质。

① 载体性质对最适 pH 的影响　一般说来，用带负电荷的载体制备的固定化酶，其最适 pH 比游离酶的最适 pH 高（即向碱性一侧移动）；用带正电荷载体制备的固定化酶的最适 pH 比游离酶的最适 pH 低（即向酸性一侧移动）；而用不带电荷的载体制备的固定化酶，其最适 pH 一般不改变（有时也会有所改变，但不是由于载体的带电性质所引起的）。

② 产物性质对最适 pH 的影响　一般说来，催化反应的产物为酸性时，固定化酶的最适 pH 要比游离酶的最适 pH 高一些；产物为碱性时，固定化酶的最适 pH 要比游离酶的最适 pH 低一些；产物为中性时，最适 pH 一般不改变。这是由于固定化载体成为扩散障碍，使反应产物向外扩散受到一定的限制。当反应产物为酸性时，由于扩散受到限制而积累在固定化酶所处的催化区域内，使此区域内的 pH 降低，必须提高周围反应液的 pH，才能达到酶所要求的 pH。为此，固定化酶的最适 pH 比游离酶要高一些。反之，反应产物为碱性时，由于它的积累使固定化酶催化区域的 pH 升高，故使得固定化酶的最适 pH 比游离酶的最适 pH 要低一些。

4.4.3.4　底物特异性

固定化酶的底物特异性与游离酶比较可能有些不同，其变化与底物分子量的大小有一定关系，对于那些作用于低分子底物的酶，固定化前后的底物特异性没有明显变化，例如，氨基酰化酶、葡萄糖氧化酶、葡萄糖异构酶等，固定化酶的底物特异性与游离酶的底物特异性相同。而对于既可作用于大分子底物又可作用于小分子底物的酶而言，固定化酶的底物特异性往往会发生变化。例如，胰蛋白酶既可作用于高分子的蛋白质，又可作用于低分子的二肽或多肽，固定在羧甲基纤维素上的胰蛋白酶，对二肽或多肽的作用保持不变，而对酪蛋白的作用仅为游离酶的 3%左右；以羧甲基纤维素为载体经叠氮法制备的核糖核酸酶，当以核糖核酸为底物时，催化速率仅为游离酶的 2%左右，而以环化鸟苷酸为底物时，催化速率可达游离酶的 50%~60%。总之，固定化酶既有优点又有缺点。

固定化酶的优点如下。

① 酶的使用效率提高，可多次使用，成本降低。在大多数情况下，酶的稳定性提高。

② 固定化酶的反应条件易于控制，催化过程易控制，适合连续化、自动化生产，提高酶的利用率。

③ 固定化酶易于与底物、产物分开，反应完成后经过简单的过滤和离心，酶就可以回收，且酶活力降低较少。

当然，目前固定化酶也存在着如下一些缺点：

① 对于一些既可作用于大分子底物也可作用于小分子底物的酶而言，经固定化后，由于受到载体空间位阻作用的影响，大分子底物难于接近酶分子，从而使其催化反应速率大大降低，而小分子底物的反应速率则不受影响。

② 酶固定化的过程中，失活的酶量较大。

③ 载体的带电性质对固定化酶的最适 pH 有明显的影响。一般来说，带负电的载体制备的固定化酶，其最适 pH 比游离态的高；带正电的比游离态的低；电中性的不变化。

4.4.4　固定化酶的应用

4.4.4.1　工业中的应用

酶固定化技术是应工业生产的需求而产生的，到目前为止其应用范围最大的还是在工业生产，其中，固定化葡萄糖异构酶是世界上固定化酶应用于工业生产中规模最大的一种，它可以用来催化玉米糖浆和淀粉生产高甜度的高果糖浆。经过科学家们不断的研究，从链霉菌和芽孢杆菌中提取到的葡萄糖异构酶已经被成功固定，并且大量应用于工业生产中。

4.4.4.2　环境保护中的应用

因固定化酶具有稳定性好、专一性高、反应条件温和、无污染、操作简便及绿色环保等特性，在环境领域中有很好的应用。污水处理中常用到的酶如辣根过氧化物酶、漆酶以及酪氨酸酶等，这些酶具有较强的降解能力，可以有效降解废水中毒性较强的酚类。固定化辣根过氧化物酶对含酚类和苯胺类化合物的废水具有良好的催化氧化作用，且辣根过氧化物酶具有价格便宜、易制备、比活性高及能适应较宽的污染物浓度、温度和 pH 范围等优点，因而在含酚废水处理过程中备受青睐。固定化蛋白酶可应用于食品工业废水的预处理，将废水中不易生物降解的大分子转化为易于生物降解的小分子，大大提高了废水的可生化性。

4.4.4.3　医疗保健中的应用

目前的合成工艺技术可利用固定化青霉素酰化酶合成头孢羟氨苄，转化率可达到 80.3%，使头孢菌素类药物逐渐取代青霉素类药物成为可能；脲酶是催化尿素水解的酶，广泛应用于医学进化检验领域；脲酶的固定化在血液透析中有广泛的应用前景；磷酸酯酶是催化低密度脂蛋白磷脂的酶，可加速体内低密度脂蛋白的代谢，而人体的低密度脂蛋白是血浆胆固醇的主要载体，若在体内代谢缓慢，易形成高密度的血浆胆固醇，引发心血管病，所以，磷酸酯酶的固定化可应用于心血管病的治疗。

酶法诊断因其灵敏、准确、快速、简便等优点被广泛应用，例如：葡萄糖氧化酶电极测定血液、尿液中葡萄糖含量；脲酶电极测定血液、尿液中尿素含量；乳酸脱氢酶电极测定血液中乳酸含量。

4.4.4.4　生物能源生产中的应用

固定化脂肪酶法生产生物柴油，具有反应条件温和、工艺简单、产品回收方便和对原料要求低等优点，但其制备成本太高，在生产过程中的提取、纯化和固定化等工序会使大量酶丧失活性，使其作为催化剂工业化生产生物柴油存在较大的困难。目前降低酶法催化剂成本的最有前景的方法之一，是以全细胞生物催化剂的形式来利用脂肪酶，这是因为全细胞脂肪酶作为一种特殊形式的固定化酶可以免去上述工序而直接利用。

知识拓展　合成生物学方法助力降解塑料废弃物并升级再造

北京化工大学研究团队致力于使用合成生物学方法来降解塑料废弃物并升级再造，合成新的高附加值材料。该团队观察到一株具有降解 PE 能力的菌 *Microbulbifer hydrolyticus*，并发现其中一种起重要作用的氧化酶。2020 年，MIX-UP 北京化工大学团队通过分析降解塑料的机制，构建了两个生物工程模块。在第一个降解模块中，利用枯草芽孢杆菌表面展示技术将降解过程中的关键酶固定在芽孢表面，从而使整个降解过程更加高效。在第二个合成模块中，该团队利用大肠杆菌构建新的聚酯合成人工代谢途径，将降解后产物合成高附加值产品，实现废弃塑料的生物降解以及再利用。

练习题

1. 填空题

（1）酶的固定化是指_____。

（2）酶的固定化方法有物理法和化学法两大类，其中物理方法主要有_____、_____等。

（3）与天然酶相比，固定化酶具有_____、_____、_____等特点。

（4）目前，固定化酶在_____、_____、_____等领域均有广泛应用。

（5）定点固定化技术是指_____。

2. 选择题

(1) 将酶或含酶菌体包埋在 ( ) 中使酶固定化的方法称为包埋法。

A. 多孔载体　　　　B. 聚乙二醇　　　　C. 载体　　　　D. 底物

(2) 以下酶的固定化方法中不涉及固相载体的方法是 ( )。

A. 吸附法　　　　B. 结合法　　　　C. 交联法　　　　D. 包埋法

(3) 目前固定化酶的工业生产中，规模最大的酶是 ( )。

A. 葡萄糖异构酶　　B. 氨基酰化酶　　C. 5′-磷酸单酯酶　　D. 青霉素酰化酶

(4) 用交联法制备的固定化酶结合牢固，可长时间使用。但是，由于交联反应较激烈，( ) 损失较大。

A. 酶活力　　　　B. 酶浓度　　　　C. 交联剂　　　　D. 酶的活性基团

3. 简答题

(1) 固定化酶和游离酶相比，具备什么优点？

(2) 固定化酶目前存在哪些待解决和优化的问题？

(3) 酶固定化过程中的新型载体有哪些？

(4) 细胞固定化发酵产酶有何特点？

5　酶的分子修饰

✈ **项目导读**

　　酶的分子修饰主要研究对酶的分子结构基因进行改造的突变酶，用物理、化学法或酶法改造酶蛋白的一级结构，或者用化学修饰法对酶分子中侧链基团进行化学修饰等。酶的分子修饰在实际生产中能创造出天然酶不具备的某些优良性状，提高酶活力，增加酶稳定性，消除或降低酶的抗原性，扩大应用范围，提高经济效益。

🖻 **学习目标**

知识目标	能力目标	素质目标
1．掌握菌种筛选、发酵等阶段培养基组成。	1．能够完成产酶微生物发酵和悬浊液的制备。	1．培养学生自强创新，树立专业自信和社会责任担当，弘扬社会主义核心价值观。
2．掌握微生物细胞化学、物理诱变的基本过程。	2．能够完成微生物紫外线和硫酸二乙酯复合诱变，实现微生物产酶性能的提升。	2．培养学生对待工作任务严谨求实和坚持不懈的科学精神。
3．掌握微生物细胞随机诱变的基本过程。	3．能够操作完成易错 PCR，提升谷氨酸脱氢酶的活性。	3．培养学生分析思考、探索创新的工作态度
4．了解易错 PCR 诱变酶的基本过程	4．掌握数据和图文的基本处理方法	

5.1　任务书　谷氨酸棒杆菌的诱变

5.1.1　工作情景

　　谷氨酸棒杆菌（corynebacterium glutamicum）是重要的工业微生物，尤其是在氨基酸工业中，每年用于 600 余万吨氨基酸的生物制造。近年来，谷氨酸棒杆菌的代谢工程使能技术正在不断发展，不仅加快了细胞工厂的创建和优化，拓展了底物谱和产物谱，也推动了谷氨酸棒杆菌的基础研究，使谷氨酸棒杆菌成为代谢工程的理想底盘细胞。某生物技术公司研发团队以实验室保存谷氨酸生产菌株谷氨酸棒杆菌为基础，制订提高谷氨酸产量计划，完成以紫外线和硫酸二乙酯（DES）复合诱变，完成以易错 PCR 介导的随机突变，比较不同诱变方法的效果，完成谷氨酸棒杆菌产酶性能的定向分子进化。

5.1.2　工作目标

1. 掌握酶化学修饰的方法和意义。
2. 能够完成以紫外线和硫酸二乙酯对菌株诱变。
3. 能够完成以易错 PCR 介导的随机突变，比较不同诱变方法的效果。

5.1.3　工作准备

5.1.3.1　任务分组

学生任务分配表

班级		组号		指导教师	
组长		学号			
组员	姓名	学号		姓名	学号

任务分工

问题反馈

5.1.3.2　获取任务相关信息

（1）查阅项目任务资料，自主学习基础知识。

（2）查阅项目任务相关背景资料，完成如下问题。

① 请写出微生物紫外线诱变和 DES 诱变的过程。

_____

_____

_____

② 请写出易错 PCR 突变的方法。

_____

_____

_____

(3) 在教师的指导下，根据资料绘制任务流程图。

5.1.3.3 制订工作计划

按照收集信息和决策过程，填写工作计划表、试剂使用清单、仪器使用清单和溶液制备清单。

工作计划表

步骤	工作内容	负责人	完成时间
1	谷氨酸棒杆菌菌液培养基的制备		
2	紫外线诱变和 DES 诱变		
3	易错 PCR 突变文库建立和筛选		
4	诱变谷氨酸棒杆菌产酶性能的验证		

试剂使用清单

序号	试剂名称	分子式	试剂规格	用途

仪器使用清单

序号	仪器名称	规格	数量	用途

溶液制备清单

序号	制备溶液名称	制备方法	制备量	储存条件

5.2　工作实施

检查该项目任务准备情况，确定实施时间以及主要流程，实施任务。

5.2.1　谷氨酸棒杆菌菌液培养基的制备

（1）培养基的制备。

（2）鉴别培养基的组成。

（3）思考在谷氨酸棒杆菌基因组改组中需要配制哪些辅助溶液。

（4）书写谷氨酸棒杆菌悬菌液的制备过程。

5.2.2 紫外线诱变和 DES 诱变

(1) 优化谷氨酸棒杆菌悬菌液浓度，记录数据。

(2) 在教师的指导下，了解紫外线照射条件优化（电压、源距和照射时间）。

(3) 查阅资料，计算菌株紫外线诱变后的致死率。

菌株紫外线诱变后的致死率计算

处理时间 /min	不同稀释度的存活菌数/个				存活菌浓度 /(个/mL)	存活率/%	死亡率/%
	10^{-3}	10^{-4}	10^{-5}	10^{-6}			
0							
15							
30							
45							
60							
75							

（4）优化 DES 溶液工作浓度，记录数据。

（5）优化 DES 诱变水浴处理温度，记录数据。

(6) 优化 DES 诱变水浴处理时间，记录数据。

(7) 计算菌株 DES 诱变后的致死率，记录数据。

菌株 DES 诱变后的致死率计算

处理时间 /min	不同稀释度的存活菌数/个				存活菌浓度 /(个/mL)	存活率/%	死亡率/%
	10^{-3}	10^{-4}	10^{-5}	10^{-6}			
0							
15							
30							
45							
60							
75							

5.2.3 易错 PCR 突变文库建立和筛选

(1) 在教师的指导下，获取谷氨酸棒杆菌谷氨酸脱氢酶序列。

(2) 谷氨酸脱氢酶易错 PCR 的引物设计和 PCR 反应。

易错 PCR 反应体系数据记录

模版 cDNA	
上游引物	
下游引物	
dATP（10mmol/L）	
dGTP（10mmol/L）	
dTTP（10mmol/L）	
dCTP（10mmol/L）	
10 倍缓冲液	
Mg^{2+}	
$MnSO_4$	
TaqDNA 聚合酶	
水	

易错 PCR 反应过程

95℃	5min
95℃	30s
65℃	30s
72℃	120s（5 个循环）
95℃	30s
60℃	30s
72℃	120s（25 个循环）
72℃	10min

（3）易错 PCR 突变文库的构建。

① 制备大肠杆菌和酿酒酵母感受态细胞。

② 构建重组质粒并进行转化。

③ 鉴定重组子。

④ 易错 PCR 突变文库的筛选。

⑤ 小组讨论：易错 PCR 突变和传统诱变有什么异同之处。

5.2.4 诱变谷氨酸棒杆菌产酶性能的验证

5.3 工作评价与总结

5.3.1 个人与小组评价

（1）评价经诱变后谷氨酸棒杆菌的产酶性能。

（2）和小组成员分享工作的成果。

以小组为单位，运用 PPT 演示文稿、纸质打印稿等形式在全班展示，汇报任务的成果与总结，其余小组对汇报小组所展示的成果进行分析和评价，汇报小组根据其他小组的评价意见对任务进行归纳和总结。

根据工作任务实施过程，进行总结和分享：

个体评价与小组评价表

考核任务	自评得分	互评得分	最终得分	备注
谷氨酸棒杆菌菌液培养基的制备				
紫外线诱变和 DES 诱变				
易错 PCR 突变文库建立和筛选				
诱变谷氨酸棒杆菌产酶性能的验证				

总结与反思

学生改错	学生学会的内容

学生总结与反思:

5.3.2 教师评价

按照客观、公平和公正的原则，教师对任务完成情况进行综合评价和反馈。

教师综合反馈评价表

评分项目			配分	评分细则	自评得分	小组评价	教师评价
职业素养（55分）	纪律情况（15分）	不迟到，不早退	5分	违反一次不得分			
		积极思考，回答问题	5分	根据上课统计情况得1~5分			
		有书本、笔记及项目资料	5分	按照准备的完善程度得1~5分			
	职业道德（20分）	团队协作、攻坚克难	10分	不符合要求不得分			
		认真钻研，有创新意识	10分	按认真和创新的程度得1~10分			
	5S（10分）	场地、设备整洁干净	5分	合格得5分，不合格不得分			
		服装整洁，不佩戴饰物，规范操作	5分	合格得5分，违反一项扣1分			
	职业能力（10分）	总结能力	5分	自我评价详细，总结流畅清晰，视情况得1~5分			
		沟通能力	5分	能主动并有效表达、沟通，视情况得1~5分			
核心能力（45分）	撰写项目总结报告（15分）	问题分析，小组讨论	5分	积极分析思考并讨论，视情况得1~5分			
		图文处理	5分	视准确具体情况得5分，依次递减			
		报告完整	5分	认真记录并填写报告内容，齐全得5分			
	编制工作过程方案（30分）	方案准确	10分	完整得10分，错项漏项一项扣1分			
		流程步骤	5分	流程正确得5分，错一项扣1分			
		行业标准、工作规范	5分	标准查阅正确完整得5分，错项漏项一项扣1分			
		仪器、试剂	5分	完整正确得5分，错项漏项一项扣1分			
		安全责任意识及防护	5分	完整正确，措施有效得5分，错项漏项一项扣1分			

5.4 知识链接

5.4.1 酶分子修饰的原理和条件

酶的分子修饰

5.4.1.1 酶分子修饰的基本原理

通过各种方法使酶分子的结构发生某些改变，从而改变酶的某些特性和功能的技术过程称为酶的分子修饰。20世纪80年代，酶分子修饰技术与基因工程技术结合，使酶分子的组成和结构发生改变，获得了具有新的特性和功能的酶，使酶分子修饰展现出了广阔的应用前景。

5.4.1.2 酶分子修饰的条件

修饰反应尽可能在酶稳定条件下进行，并尽量不破坏酶活性功能的必需基团，使修饰率高，同时酶的活力回收率高。此外，还应注意以下修饰条件：

① pH与离子强度。pH决定了酶蛋白分子中反应基团的解离状态。由于它们的解离状态不同，反应性能也不同。

② 修饰反应的温度与时间。严格控制反应温度和反应时间以便实现酶与修饰剂的高效结合以及高酶活回收率。

③ 反应体系中酶与修饰剂的分子比例。

5.4.2 酶分子修饰的方法

酶分子修饰的主要方法有物理修饰法、化学修饰法和生物修饰法，如图5-1所示。

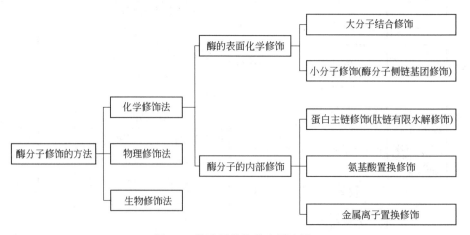

图 5-1 酶分子修饰的主要方法

5.4.2.1 酶的物理修饰

通过各种物理方法（高温、高压、高盐、低温、真空、失重、极端 pH、有毒环境）使酶分子的空间构象发生某些改变，而改变酶的某些特性和功能，从而提高酶的催化活性，增强酶的稳定性或改变酶的催化动力学特性的方法（图 5-2）。例如，用高压方法处理纤维素酶后，该酶的最适温度有所降低；而在 30 ~ 40℃的条件下，高压修饰酶比天然酶的活力提高了 10%。

酶分子的物理修饰的特点在于不改变酶的组成及其基团，酶分子中的共价键并不发生改变，只是由于物理方法的作用，副键发生某些变化和重排，使酶分子的空间构象发生改变。还可以在某些变性剂的作用下，先使酶原有空间结构被破坏，然后在不同的条件下，使酶分子重新构建新的构象。例如，先用盐酸胍等变性剂破坏胰蛋白酶的原有构象，通过透析除去变性剂后，在不同温度下，使酶重新折叠形成新的构象，结果 50℃条件下重新构象的胰蛋白酶的稳定性比 20℃条件下提高了 5 倍。

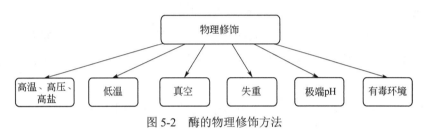

图 5-2 酶的物理修饰方法

5.4.2.2 酶的化学修饰

酶的化学修饰是通过化学基团的引入或除去，使蛋白质共价结构发生改变。凡涉及共价键或部分共价键的形成或破坏从而改变酶学性质的均可看作是酶分子的化学修饰。

酶的化学修饰方法主要有酶的表面化学修饰和酶分子的内部修饰两类。酶的表面化学修饰有大分子结合修饰和小分子修饰（酶分子侧链基团修饰）。酶的分子内部修饰有蛋白质主链修饰（肽链有限水解修饰）、氨基酸置换修饰和金属离子置换修饰。

5.4.2.2.1 大分子结合修饰

酶的大分子结合修饰是指利用聚乙二醇、右旋糖酐、肝素、蔗糖聚合物等水溶性生物大分子与酶蛋白相结合，改变酶分子的空间结构，从而改变酶的性质与功能的方法。例如，每分子核糖核酸酶与 6.5 分子的右旋糖酐结合，可以使酶活力提高到原有酶活力的 2.25 倍；每分子胰凝乳蛋白酶与 11 分子右旋糖酐结合，酶活力达到原有酶活力的 5.1 倍。

作为修饰剂使用的水溶性大分子在使用前一般需经过活化，然后在一定条件下与酶分子以共价键结合，修饰酶分子。常用的活化方法有叠氮法、琥珀酸酐法、溴化氰法、戊二醛法、高碘酸氧化法等。

大分子修饰过程包括：①修饰剂的选择。大分子结合修饰采用的修饰剂是水溶性大分子。例如：聚乙二醇（PEG）、右旋糖酐、肝素、蔗糖聚合物、葡聚糖、环状糊精等。要根据酶分子的结构和修饰剂的特性选择适宜的水溶性大分子。②修饰剂的活化。作为修饰剂中含有的基团往往不能直接与酶分子的基团进行反应而结合在一起。在使用之前一般需要经过活化，然后才可以与酶分子的某侧链基团进行反应。③修饰。将带有活化基团的大分子修饰剂与经过分离纯化的酶液，以一定的比例混合，在一定的 pH、温度等条件下反应一段时间，使修饰剂的活化基团与酶分子的某侧链基团以共价键结合，对酶分子进行修饰。④分离。需要通过凝胶层析等方法进行分离，将具有不同修饰度的酶分子分开，从中获得具有较好修饰效果的修饰酶。

（1）聚乙二醇

聚乙二醇是一个线性分子，它的分子式为：

$$HO—CH_2{\Large[}CH_2—O—CH_2{\Large]}_nCH_2OH$$

聚乙二醇具有良好的生物相溶性，它在体内不残留、无毒、无抗原性，故是一种优良的修饰剂。它的分子末端具有两个可以被活化的羟基，可以通过甲氧基化将其中一个羟基屏蔽起来，成为只有一个可被活化羟基的单甲氧基聚乙二醇（MPEG）。其修饰活化方法主要有 3 种。

① 叠氮法。此修饰方法是将 PEG 链端羟基转化成叠氮基，然后与酶反应，整个反应如下。

a．PEG 甲氧甲酰甲酯制备。PEG 与氯醋酸酐及重氮甲烷反应生成 PEG 甲氧甲酰甲酯。用减压蒸馏法除去过量的试剂。

$$PEG—OH+Na \longrightarrow PEG—ONa+ClCH_2CO—O—COCH_3$$
$$\xrightarrow[100℃,\ 4h]{\text{室温放置过夜后}} PEG—OCH_2COOCH_3$$

b．PEG 酰肼的制备。第一步反应产物与肼反应生成相应的酰肼化合物。用减压蒸馏法得到产物。

$$PEG—OCH_2COOCH_3+H_2N—NH_2·H_2O \xrightarrow{\text{回流过夜}} PEG—OCH_2—CONHNH_2$$

c．PEG 羧甲基叠氮化物制备。PEG 酰肼化合物经亚硝酸作用后生成活化 PEG。

$$PEG—OCH_2CONHNH_2—NaNO_2+HCl \xrightarrow[20min]{\text{室温搅拌}} PEG—O—CH_3CON_3(\text{活化PEG})$$

d．活化 PEG 与酶交联

$$PEG—OCH_2CON_3+H_2N—\boxed{酶} \xrightarrow[(\text{修饰酶})]{} PEG—OCH_2—CONH—\boxed{酶}$$

② 琥珀酸酐法。常用二溴代琥珀酸酐作为 PEG 的活化剂。活化反应在温和的碱性条件下进行，产物与酶分子上氨基产生交联反应。

a．PEG 活化反应。

$$PEG{-}OH + \underset{\substack{\text{Br}-\text{CH}-\text{C}\diagdown \\ | \qquad \text{O} \\ \text{Br}-\text{CH}-\text{C}\diagup}}{} \xrightarrow[\text{OH}^-]{\text{搅拌过夜}} PEG{-}O{-}\underset{\text{O}}{\overset{\text{O}}{C}}{-}CHBr{-}CHBr{-}COOH$$

活化PEG

经过减压浓缩得到活化 PEG。也可用 α,β-碘代琥珀酸酐作为活化剂。

b．修饰反应。

$$PEG{-}O{-}\overset{O}{C}{-}CHBr{-}CHBr{-}COOH + H_2N{-}\boxed{酶} \longrightarrow PEG{-}O{-}\overset{O}{C}{-}CHBr{-}CHBr{-}\overset{COOH}{CH}{-}\boxed{酶}$$

（修饰酶）

③ 重氮法。重氮化反应主要是将修饰剂上有关基团转变为重氮基团，然后在弱碱性条件下与酶分子上的酚基、咪唑基等反应，生成修饰酶。如对硝基苄基氯作为 PEG 活化剂的反应如下。

a．PEG 活化反应。

$$HO{-}PEG + NO_2{-}\langle\bigcirc\rangle{-}CH_2Cl \xrightarrow[\text{OH}^-]{\text{无水基质回流3h}} NO_2{-}\langle\bigcirc\rangle{-}CH_2O{-}PEG$$

$$\xrightarrow[\text{Ni+高压}]{\text{氢化}} NH_2{-}\langle\bigcirc\rangle{-}CH_2O{-}PEG \xrightarrow[\text{HCl, }0℃]{NaNO_2} N_2{-}\langle\bigcirc\rangle{-}CH_2O{-}PEG$$

（活化PEG）

b．修饰反应。

$$N_2{-}\langle\bigcirc\rangle{-}CH_2O{-}PEG + \boxed{酶} \longrightarrow PEG{-}OCH_2{-}\langle\bigcirc\rangle{-}N{=}N{-}\boxed{酶}$$

（修饰酶）

（2）右旋糖酐及右旋糖酐硫酸酯

右旋糖酐属于菌多糖，是由 α-葡萄糖通过 α-1,6-糖苷键形成的高分子多糖，具有较好的水溶性和生物相容性，可用作血浆代用品。右旋糖酐硫酸酯是多糖分子结构中的羟基与硫酸成酯而得。多糖链上的双羟基结构经活化后可与酶分子上自由氨基结合。有研究表明，经右旋糖酐修饰后，可以提高酶的稳定性，降低酶的免疫原性。因此，右旋糖酐被视为一种理想的修饰剂而广泛应用于工业和医药用酶的修饰。目前，右旋糖酐活化剂主要有溴化氰和高碘酸钠。

① 溴化氰法。糖分子上邻双羟基在溴化氰作用下活化，然后在碱性条件下与酶分子上氨基反应，产生共价结合。利用溴化氰活化右旋糖酐的原理是：右旋糖酐在碱性条件下可以与溴化氰反应生成右旋糖酐亚胺碳酸盐，可与酶分子的游离氨基共价结合。利用溴化氰的优势在于右旋糖酐活化时间短，通常为 30min，而且活化的右旋糖酐亚胺碳酸盐与酶的反应是一步反应。但是，在活化的过程中，要严格控制右旋糖酐与溴化氰的用量和比例，通常是2:1 或更低。过高浓度的右旋糖酐和溴化氰会导致右旋糖酐产生过多的自身交联，导致产物

水溶性降低。但是，该修饰反应所使用的试剂溴化氰及其产物右旋糖酐亚胺碳酸盐有毒，而且亚胺碳酸盐在水溶液中不稳定，活化的右旋糖酐必须通过凝胶色谱进行脱盐处理（通常用 Sephadex G15）并需立即使用，因此严重制约了其在酶化学修饰方面的应用。

② 高碘酸氧化法。高碘酸能通过氧化邻双羟基结构而将葡萄糖环打开，形成的高活性醛基与酶分子上氨基反应，使右旋糖酐和酶共价结合。利用高碘酸钠活化右旋糖酐的原理是：高碘酸钠可将右旋糖酐上邻羟基氧化为醛基，即将右旋糖酐氧化成右旋糖酐二醛，然后与酶分子上的氨基结合形成吡氯苄氧胺，通过四氢硼钠还原成一个稳定的修饰酶。利用高碘酸钠活化右旋糖酐的优点在于右旋糖酐二醛在水溶液中比较稳定；其缺点是酶分子与右旋糖酐二醛结合形成的吡氯苄氧胺不稳定。在这个过程中，由于氧化还原反应释放出大量的化学能，有可能造成修饰酶的活力下降。通常情况下，修饰酶可以保留 50%~60% 的酶活力。而且，右旋糖酐活化时间较长，通常为 18~24h，活化产物见光容易分解，所以活化和修饰过程都必须避光进行。

（3）糖肽

糖肽一般是通过纤维蛋白酶或蛋白水解酶降解人纤维蛋白或 γ-球蛋白而得。由于糖肽结构上含有氨基，所以经活化后能与酶分子上氨基反应而产生共价结合。常用的有以下两种方法。

① 异氰酸法。糖肽在低温条件下用 2,3-异氰酸甲苯活化，再在碱性条件下与酶交联。

② 戊二醛法。用双功能试剂戊二醛将糖肽的氨基活化，然后与酶分子上氨基反应生成修饰酶。

（4）具有生物活性的大分子物质

肝素是一种含硫酸酯的黏多糖，由氨基葡萄糖和两种糖醛酸组成，平均分子量在 20000 左右。肝素不仅与其他大分子修饰剂一样，共价交联于酶后可增加酶的稳定性，同时由于肝素在生物体内还具有抗凝血、抗血栓、降血脂等活性，因此，更适于用来修饰溶解血栓酶类以增加疗效。根据肝素结构特性，常用的修饰方法有羧二亚胺法、溴化氢法和三氯均嗪法。

① 羧二亚胺法。采用羧二亚胺活化肝素分子上的羧基，然后与酶分子上的氨基发生交联反应而生成修饰酶。

② 溴化氢法。溴化氢法是利用溴化氢活化肝素分子上的邻双羟基，然后和酶分子上的氨基反应生成修饰酶。方法类同于右旋糖酐溴化氰活化修饰法。

③ 三氯均嗪法。三氯均嗪法首先采用三氯均嗪活化肝素分子上的羟基，然后再与酶分子上的氨基发生反应而生成修饰酶，从而实现了酶的修饰。

（5）蛋白质类及其他

血浆蛋白质是血浆中的天然成分，它们和其他蛋白质（包括酶类）的复合物在血液中有可能被视为"自体蛋白"而被接受。同时由于血浆蛋白质具有较大分子量，在改进酶性质上效果更明显，因此，已被认为是具有较大优越性的一类修饰剂，其中人血清白蛋白（以下简称白蛋白）是目前研究较多的一种酶修饰剂，其修饰方法主要为交联剂用戊二醛、碳二亚胺等作为交联剂的交联法和活性酯法。交联法反应产物不仅有修饰酶，而且还有酶分子间和白蛋白之间的交联副产物，这直接影响了修饰酶的收率。反应结束后酶活力损失较大。鉴于以上原因，人们目前在进行白蛋白修饰酶反应时，常在反应体系中加入酶专一性底物来保护酶活性部位。活性酯法白蛋白修饰酶工艺是根据多肽合成原理发展起来的，主要特点是反应条件温和，避免了活泼的双功能交联剂直接与酶接触所可能产生的酶失活，减少了副反应的产生。

5.4.2.2.2 小分子修饰

小分子修饰又称为酶蛋白侧链基团修饰，酶蛋白的侧链基团是指蛋白质氨基酸残基上的功能基团，酶蛋白侧链基团修饰是采用化学手段，对蛋白质侧链基团引入某些化学基团，从而改变酶蛋白的某些特性。在构成酶蛋白的 20 种常见的氨基酸中，只有拥有极性的氨基酸残基的侧链基团才能够进行化学修饰，这些侧链基团主要有氨基、羧基、羟基、巯基、咪唑基、吲哚基等，例如，大部分酶蛋白经戊二醛进行交联反应后，其热稳定性、酸碱稳定性都得到明显改善。

酶蛋白的侧链基团修饰，主要在改善酶蛋白的化学稳定性方面具有重要作用，最常用的是利用修饰剂对酶蛋白进行分子内交联反应，主要是改善酶蛋白分子的空间构型的稳定性。常用的分子内交联剂有二氨基丁烷、戊二醛、己二胺等，这些交联剂的突出特点是都含有双功能基团，能与酶蛋白分子内两个侧链基团进行反应，其本身起到一个分子间桥的作用，从而加固了酶蛋白分子的空间构型的稳定性。

① 氨基修饰　是采用氨基修饰剂使酶分子侧链上的氨基发生改变，改变酶蛋白的空间构象，从而使酶的稳定性大大提高的方法。常用的氨基修饰剂有亚硝酸、2,4,6-三硝基苯磺酸（TNBS）、2,4-二硝基氟苯（DNFB）、丹磺酰氯（DNS-cl）等。氨基的烷基化是一种重

要的赖氨酸修饰方法，这些试剂包括卤代乙酸、芳基卤和芳族磺酸，或者在氢的供体（如硼氢化钠、硼氢化氰或硼氨）存在的条件下使蛋白质分子与醛或酮反应，称为还原性烷基化。如图 5-3 所示。

② 羧基修饰　是通过修饰剂与酶蛋白侧链的羧基发生酯化、酰基化等反应，使蛋白质的构象发生改变，用于定量测定酶分子中羧基数目的方法。常用的修饰剂有碳二亚胺、硼氟化三甲基盐、重氮基乙酸盐、异噁唑盐等。

水溶性的碳二亚胺类特定修饰酶分子的羧基基团，目前已成为一种应用最普遍的标准方法，它在比较温和的条件下就可以进行。羧基也可以与硼氟化三甲基盐反应生成甲酯，如图 5-4 所示。

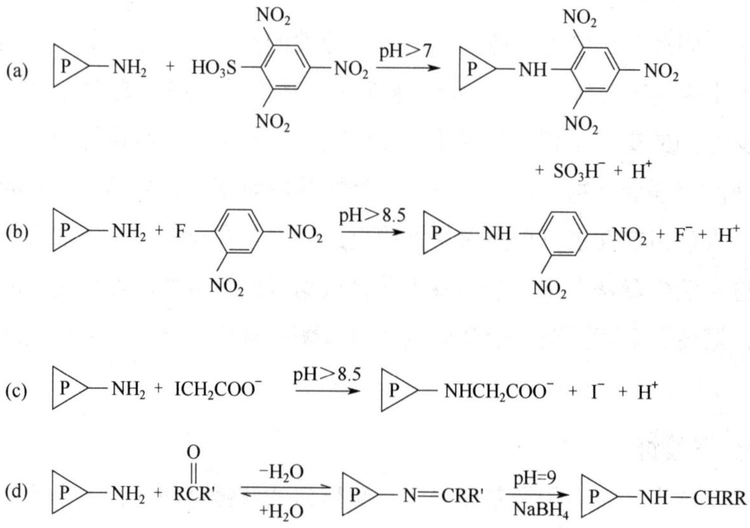

图 5-3　氨基的化学修饰

（a）2,4,6-三硝基苯磺酸（TNBS）；（b）2,4-二硝基氟苯（DNFB）或称 Sanger 试剂；
（c）碘代乙酸（IAA）；（d）还原性烷基化

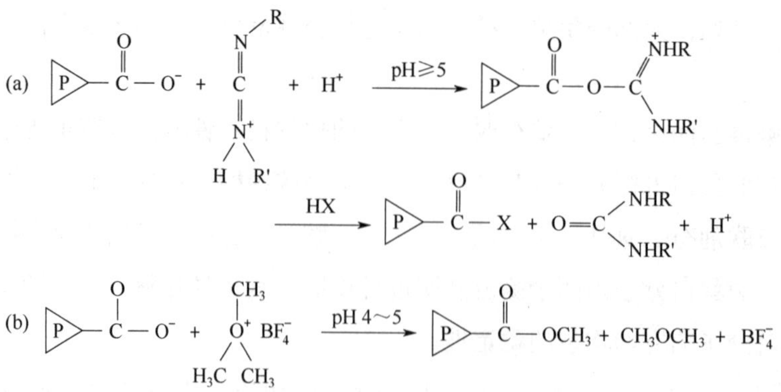

图 5-4　羧基的化学修饰

（a）通过水溶性的碳二亚胺进行酯化反应或酰胺化反应，式中 R、R'=烷基，X=卤素、一级或二级胺；（b）硼氟化三甲基盐

③ 巯基修饰　是采用修饰剂与酶蛋白侧链上的巯基（半胱氨酸）结合，使巯基发生改变，从而显著提高酶的稳定性的方法。常用的修饰剂有：5,5′-二硫-2-硝基苯甲酸（DTNB）、N-乙基马来酰亚胺（NEM）等。5,5′-二硫-2-硝基苯甲酸又称为 Ellman 试剂，目前已成为最常用的巯基修饰试剂，DTNB 可以与巯基反应形成二硫键，使酶分子上标记 1 个 2-硝基-5-硫苯甲酸（TNB），同时释放 1 个 TNB 阴离子。该阴离子在波长 412nm 处具有很强的吸收，可以很容易通过光吸收的变化来监测反应的程度。N-乙基马来酰亚胺是一种有效的巯基修饰试剂，其与酶蛋白反应具有较强的专一性并伴随光吸收的变化，可以很容易通过光吸收的变化确定反应的程度，如图 5-5 所示。

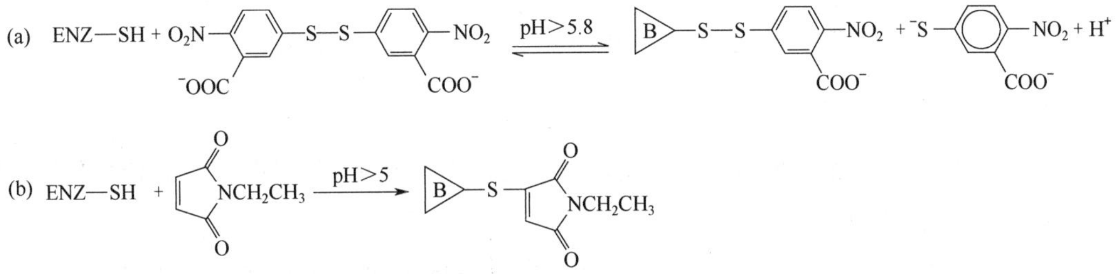

图 5-5　巯基的化学修饰

（a）5,5′-二硫-2-硝基苯甲酸；（b）N-乙基马来酰亚胺

④ 胍基修饰　是采用修饰剂（二羰基化合物）与酶蛋白侧链上的胍基（精氨酸）反应生成稳定的杂环，从而改变酶分子构象的方法。常用的修饰剂有丁二酮、丙二醛、苯乙二醛等。

由于精氨酸残基的强碱性，因而与大多数试剂很难发生修饰反应，反应所需的高 pH 环境也会导致酶结构的破坏，而一些二羰基化合物则能够在中性或弱碱性的条件下与精氨酸反应（图 5-6），所以关于精氨酸残基的化学修饰试剂的研究大多集中在二羰基化合物上。

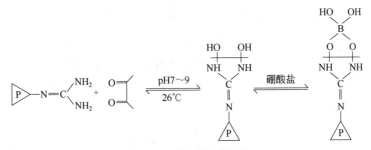

图 5-6　胍基的化学修饰

丁二酮和 1,2-环己二酮与胍基反应可逆地生成精氨酸-丁二酮复合物，该产物可以与硼酸结合而稳定下来。上述反应要在黑暗中进行，因为丁二酮可以作为光敏性反应试剂破坏其他残基，特别是色氨酸、组氨酸和酪氨酸残基。

⑤ 咪唑基修饰　是通过修饰剂的作用使酶分子中的咪唑基（组氨酸）发生改变，从而改变酶分子的构象和特性的方法。常用的修饰剂有：碘乙酸、焦碳酸二乙酯。

组氨酸残基的咪唑基可以通过卤原子的烷基化或碳原子的亲核取代来进行修饰。焦碳酸二乙酯是最常用的修饰组氨酸残基的试剂（图 5-7）。该试剂在接近中性的情况下表现出比较好的专一性，与组氨酸残基反应使咪唑基上的 1 个氮羧乙基化，并且使得在 240nm 处的光吸收增加。该取代反应在碱性条件下是可逆的，可以重新生成组氨基。在水溶液中，特别是在高 pH 的情况下，该试剂的稳定性不够好。

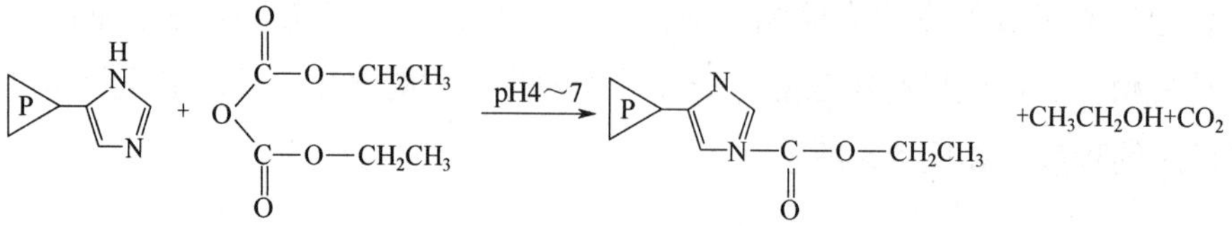

图 5-7 组氨酸咪唑基的化学修饰——焦碳酸二乙酯

5.4.2.2.3 蛋白质主链修饰

利用肽链的有限水解使酶的空间结构发生某些精细的改变，从而改变酶的特性和功能的方法，称为肽链的有限水解修饰。

酶蛋白的肽链被水解后，有以下三种情况：a. 引起酶活性中心的破坏，从而使酶的活性受到影响；b. 酶活性中心不受影响，酶活力不发生改变；c. 使酶蛋白的分子结构发生改变，更加有利于酶活性中心与底物结合和有利于酶的催化反应。后两种情况可用于酶修饰，第二种情况一般不改变酶活力，主要用于对酶蛋白的抗原性进行修饰，酶蛋白的抗原性主要与蛋白质结构的复杂性有关，蛋白质越复杂，其抗原性越强。在不影响酶蛋白的酶活力的前提下，对酶蛋白进行有限水解，降低其结构的复杂性，从而降低酶蛋白的抗原性。第三种情况，在水解掉酶蛋白的部分肽段后，酶活力有明显地提高，主要用于提高酶活力的修饰。对于这几种酶修饰的实例如下。

① 胰蛋白酶 胰蛋白酶主要产生于动物的胰脏，在胰脏细胞分泌出来时，是以胰蛋白酶原的形式存在，不显示酶活力，只有利用特异性蛋白酶水解后，使胰蛋白酶原除掉一个六肽后，才显示出酶活力（图 5-8）。

酶原和酶原的激活

② 天冬氨酸酶 天冬氨酸酶经胰蛋白酶水解修饰后，从其羧基端水解掉一个十肽，天冬氨酸酶的酶活力比原酶提高 4～5 倍。

③ 木瓜蛋白酶 是目前在食品上使用较多的蛋白酶之一，由于其酶蛋白结构复杂，有一定的抗原性，严重影响了其在食品上的应用，将该酶用亮氨酸肽酶进行水解后，其抗原性大大降低。

5.4.2.2.4 氨基酸置换修饰

在酶蛋白分子的特定位置上，氨基酸的种类和性质是特定不变的，氨基酸置换修饰是指将肽链上的某一特定氨基酸换成另一个氨基酸，使酶蛋白的空间构型发生改变，从而改变酶蛋白的某些生物学特性，即称为氨基酸置换修饰。

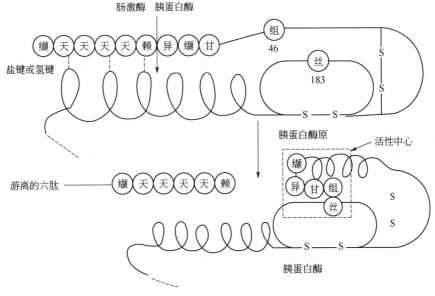

图 5-8　胰蛋白酶原的激活

　　氨基酸的置换修饰主要在提高酶蛋白的酶活力和增加酶蛋白的稳定性方面有一定的作用，例如：T4-溶菌酶酶蛋白分子上第三位的异亮氨酸置换成半胱氨酸后，半胱氨酸可与第97位的半胱氨酸形成二硫键，这对于维持酶蛋白的空间构型起到很重要的作用，在保持酶活力不变的前提下，酶稳定性增加了一倍。氨基酸置换修饰方法主要是通过遗传工程的手段来进行。

　　通过酶的组成单位置换修饰，可以提高酶活力、增加酶的稳定性或改变酶的催化专一性，常用的技术为定点突变。定点突变技术是指在 DNA 序列中的某一特定位点上进行碱基的改变从而获得突变基因的操作技术。定点突变技术用于酶分子修饰的主要过程如下。

DNA 聚合酶　　　　　　DNA 连接酶　　　　　　PCR

　　①　新酶分子结构的设计　　根据已知酶在催化活性、稳定性、抗原性和底物专一性等方面存在的问题，设计出欲获得的新酶的核苷酸或氨基酸排列次序。

　　②　突变基因碱基序列的确定　　对于核酸类酶，根据欲获得的酶 RNA 的核苷酸排列次序，依照互补原则，确定其对应的突变基因上的碱基序列，确定需要置换的碱基及其位置。

　　对于蛋白类酶，根据欲获得的酶蛋白的氨基酸排列次序，对照遗传密码，确定其对应的mRNA 上的核苷酸序列，再依据互补原则，确定此 mRNA 所对应的突变基因上的碱基序列，确定需要置换的碱基及其位置。

③ 突变基因的获得　根据欲获得的突变基因的碱基序列及其需要置换的碱基位置，合成引物，通过 PCR 技术获得所需基因。PCR 技术（聚合酶链反应技术）：是 Mollis 1985 年发明的 DNA 扩增技术。该技术的基本过程包括：双链 DNA 的热变性（解链），引物与单链 DNA 的退火结合，引物的延伸等 3 个步骤，这 3 个步骤反复进行，一般经过 30 次循环，可使目的基因扩增几百万倍。

人物风采	"玉米团长"赵久然

2021 年 11 月 3 日，北京市农林科学院玉米研究中心主任赵久然，凭借项目"高抗优质、多抗广适玉米品种京科 968 的培育与应用"获得国家科技进步二等奖。从 2001 年选材培育，到 2011 年新品种正式通过国家审定，赵久然团队用了整整 10 年时间。2017 年，由赵久然牵头组织全国近 30 家单位申报的主要农作物分子身份检测技术与应用获得科技部立项支持。目前在原有的 SSR-DNA 指纹库基础上，又构建起 2 万多个玉米品种的 SNP-DNA 指纹库，相当于为 2 万多个品种建立了新一代分子身份证，将品种鉴定化繁为简，为玉米种子质量检测、品种管理、品种权保护、侵权案司法鉴定、企业维权、农业科研教学等带来了极大的便利。赵久然把这看作是"科研生涯中最有价值的事情之一"。

5.4.2.2.5　金属离子置换修饰

金属离子置换修饰是把酶分子中的金属离子换成另一种金属离子，使酶的特性和功能发生改变的修饰方法称为金属离子置换修饰。

有些酶分子中含金属离子，而且往往是酶活性中心的组成部分，对酶的催化功能发挥着重要作用。如 α-淀粉酶中的钙离子，谷氨酸脱氢酶中的锌离子，超氧化物歧化酶分子中的铜、锌离子等。如果从酶分子中除去其所含的金属离子，酶往往会丧失其催化活性；如果重新加入原有的金属离子，酶的催化活性可以恢复或者部分恢复；若用另一种金属离子进行置换，则可能增加酶的稳定性和提高酶的活力。

5.4.3　酶的定向进化

由于工业催化条件和生物体内环境的巨大差异，使得天然酶无法很好地适应，因而在应用中表现出活性低、稳定性差、底物选择性不适宜等缺点。事实上，酶分子本身仍然蕴藏着巨大的进化潜力，在适当的条件下可以进行人工再进化而开发出具有价值的新功能。1993 年，美国科学家 Arnold 发明了易错 PCR 技术，并将其应用于分子进化，宣告了定向进化技术的诞生。2018 年，Arnold 由于在酶定向进化方面的突破性贡献，获得诺贝尔化学奖。酶的定向进化又称为酶的体外分子进化，是蛋白质工程的新策略，是在实验室内模拟自然进化机制，利用分子生物学手段在分子水平创造分子的多样性，结合灵敏的筛选技术，从而获得具有某些预期的特征。酶定向进化技术在一定程度上弥补了定点突变技术的不足。

5.4.3.1　酶定向进化的原理和步骤

从广义上讲，定向分子进化可被看作是突变加选择或筛选的多重循环，每个循环都产生多样性，在人工的选择压力下从中选出最好的个体，再继续进行下一个循环。与自然进化相同，定向进化的过程就是随机产生的突变在特定筛选压力下的非随机保留，但在自然进化中，决定突变体是否可以保留下来的因素是其生存优势，而在定向进化中是由人类来充当决定者，只有当突变体具有人们所需功能时，才会被保留下来进入下一轮进化。定向进化的随机突变和筛选过程均是人为引发的，整个进化过程完全在人的控制下，因此定向进化又被称为"试管内进化"。

定向进化的第一步是创建多样性，即从一个或多个已经存在的亲本酶（天然的或者人为获得的）出发，经过基因的突变或重组，构建一个人工突变体文库。定向进化的一个实验循环包括以下几步：选择目标酶基因；通过各种分子生物学手段构建酶的随机突变库，增加序列的多样性；将生成的突变库放在宿主细胞中进行表达，并通过高通量筛选方法对突变体的性质进行检验；具有所需性质的突变体被鉴定出来，重复进行诱变或筛选的循环，直到获得所需特征的酶。

定向进化使得酶分子可以在短期内完成在自然界需要几百万年的进化过程，为酶的改造和其在工业领域的广泛应用开辟了快速而便捷的新途径。随着分子生物学的快速发展，各类产生基因突变库的方法层出不穷，尤其是易错 PCR 技术和 DNA 改组（DNA shuffling）技术的发明，使得突变库构建技术体系得以建立和完善。而随后发展起来的多种高通量筛选方法，如噬菌体展示技术、配体指数富集的系统进化技术（systematic evolution of ligands by exponential enrichment，SELEX）、荧光激活细胞分选技术等，使得定向进化的效率极大地提高，产生了数以千计的成功改造实例。

5.4.3.2　突变库构建方法

序列空间指构成一个蛋白质的所有可能的氨基酸排列组合。对已知长度为 n 个氨基酸的蛋白质来说，其总序列空间是由 20^n 条序列组成的庞大网络。定向进化的过程，就是在序列空间内搜索对特定性质具有最高适应性的序列的过程。因此，在庞大的序列空间中创造合适的突变库，是进行定向进化的第一步。

（1）基于单点突变的突变库构建：易错 PCR 技术

易错 PCR 技术是向特定基因中引入随机点突变的最常用技术。易错 PCR 是基于大幅增加 TaqDNA 聚合酶总体错配频率的一种常用定向进化方法。该法主要是利用 DNA 聚合酶缺乏 $3' \rightarrow 5'$ 外切酶活性，且在标准条件下，具有较高的错配率从而获得突变体。天然 TaqDNA 多聚酶的致错率约为 0.001%，但人们可以通过调整 PCR 条件，人为提高出错率至约 2%。易错 PCR 主要是通过改变 PCR 的一些条件来增加错配率，包括：①添加 Mn^{2+} 来降低碱基配对的特异性；②引入 4 种不平衡的 dNTP 浓度以便达到错误掺入的目的；③增加 Mg^{2+} 浓度使退火过程中没有互补的碱基对；④增加聚合酶浓度以便提高延伸过程中错配的概率。但需要注意的是，易错 PCR 所获得的突变库并不是完全 "随机" 的，通常来说转换突变（A/T→G/C）的可能性大于颠换突变（C/G→G/C），需要额外手段进行控制。

陈英利用易错 PCR 技术对黏质沙雷氏菌脂肪酶基因 LipA 进行定向进化，经过筛选最终获得一个比活力比野生酶提高了 425U/mg 的突变体 ep1，测序分析 ep1 有 5 个氨基酸发生了突变，与野生酶相比 ep1 的最适 pH 由原来的 8.5 降低为 7.5，T_m 值提高 3℃，K_m 值由原来的 40mg/mL 降低为 12.5mg/mL。

(2) 基于基因重组的突变库构建：DNA 改组技术

DNA 改组又称为有性 PCR（sexual PCR），1994 年 Stemmer 创建了 DNA 改组技术。该法将一组家族基因（同源性 > 70%）或来自同一基因的具有不同突变位点的突变体 DNA 用 DnaseI 切割，并回收 100~200bp 片段，进行自引物 PCR，得到 DNA 不同区域间随机重组的突变体，再加入目的基因两端引物进行 PCR 扩增全长基因，以上步骤可循环进行直到获得理想的突变体。该技术简便高效，已成为分子改造的主干技术。DNA 改组能将亲本基因群中的优势突变尽可能地组合在一起，获得最佳突变组合，最终使酶分子某种性质或功能得到了进一步的进化，或是两个或更多的已优化性质或功能的组合，或是实现目的蛋白多种特性的共进化。

DNA 改组的这种特性，尤其在与易错 PCR 联用，进行多轮定向进化时极为有用。通常有益突变的比例都低于有害突变，因此在定向进化时，每一轮常常只能鉴定出一个有益作用最明显的突变体，作为母本进行下一轮进化，想要获得最佳的阳性突变体，就需要多轮连续的进化。但 DNA 改组允许在任意一轮突变中将多种有益突变直接进行重组，从而极大地提升了表现型进化的速度。DNA 改组技术是一种有效的可以得到性质优良、功能强大的新酶的技术。

5.4.3.3 高通量筛选方法

构建突变基因文库的方法目前已经很多，但是定向进化成功与否的另一个关键因素是采用高通量的筛选方法，也就是根据突变酶的某种特征或固有性质，控制实验条件，从构建好的突变文库中筛选出目标酶。使用高通量筛选方法筛选的样品量巨大，最高可以每天筛选上万个样品，从而使得筛选效率大大提高，并且筛选质量也能够保证，随着筛选技术的不断进步，现如今的高通量筛选体系具有高效性、快速性以及经济性，利用高通量筛选的方法可获得酶活力提高的工程菌株。

感受态细胞

最常用的高通量筛选方法是基于生色底物或荧光显色反应的微孔板筛选，一些全自动化的筛选系统可以使这类方法筛选达到 10^6 个以上的突变体。随着表面展示技术的发展，使得筛选大容量的突变库成为可能，如细胞表面展示、噬菌体表面展示、核糖体展示等技术，已经可以用来筛选多达 10^{10} 个突变体。但是这些方法大多数都是针对提高蛋白质的结合能力而设计的，通常不适用于酶催化活力的筛选。

荧光激活细胞分选（fluorescence-activated cell sorting，FACS）是一项流式细胞术，它能同时对细胞的多种物理学和生物学参数进行定量检测，并可以实现对特定细胞群体进行快速的分选。FACS 的原理是将荧光染色后的样品制备成细胞悬液，由气压装置送入流动室，流动室由样品管和鞘液管组成，鞘液管充满流动的鞘液，由于鞘液流与样品流压力不等，当两者压力差达到一定程度时，鞘液裹挟着样品流迫使细胞有序地排列成单列细胞柱，细胞逐个通过喷嘴进入激光聚焦区。荧光发色团经激光照射激发特异性荧光，随后液柱破裂成千万个小液滴。

仪器可根据是否携带特异性荧光选择给其荷电或不给荷电，再经过一高压静电场将其分选出来。经过几轮筛选后，与荧光配基特异性结合的克隆得到极大富集，从而完成对阳性突变体的筛选。FACS 筛选系统通过建立酶活性与宿主细胞荧光信号的偶联，最终将酶活性转化为宿主细胞的荧光信号，再使用流式细胞仪根据突变体荧光信号的强弱进行筛选。由于 FACS 具有极高的筛选速度（可达 10000 个/s 以上），大大提升了人类在未知蛋白质序列空间内进行搜索的能力，因此又被称为超高通量筛选方法。

人物风采　杨焕明院士

杨焕明院士是世界杰出的基因组学家，一直从事基因组科学的研究。杨教授及其团队为"人类基因组计划""人类单体型图计划""千人基因组计划"等国际合作的基因组计划以及首个亚洲人基因组、人类泛基因组学、肠道 Meta 基因组、癌症基因组、外显子组和甲基化组的研究做出了重大贡献，使我国的基因组研究跻身于世界前沿。2003 年在抗击"非典"的行动中，他带领年轻人团队，不计名利，团结一心，在 SARS 冠状病毒的基因组研究及建立诊断方法上做出了重要贡献，所著科普读物《"天"生与"人"生：生殖与克隆》得到了国内外同行的肯定。

5.4.4　修饰酶的性质及特点

酶修饰后其酶学性质会发生变化，其中以热稳定性、体内半衰期及抗原性减小等变化最为显著。

5.4.4.1　热稳定性

通过将酶与修饰剂交联后，就可能使酶的天然构象产生"刚性"，不易伸展打开，并同时减小酶分子内部基团的热振动，从而增强酶的热稳定性。许多修饰剂分子存在多个活性反应基团，因此常常可与酶形成多点交联，相对固定酶的分子构象，增强酶的热稳定性。PEG

修饰酶在热稳定性上没有明显提高，主要可能是 PEG 和酶是单点交联，相对地难以产生固定酶分子构象的效应。天然酶和修饰酶的热稳定性对比如表 5-1 所示。

表 5-1　天然酶和修饰酶的热稳定性比较

酶	修饰剂	天然酶		修饰酶	
		温度/时间	残留酶活/%	温度/时间	残留酶活/%
腺苷脱氨酶	右旋糖酐	37℃/100min	80	37℃/100min	100
过氧化氢酶	右旋糖酐	50℃/10min	40	50℃/10min	90
溶菌酶	右旋糖酐	100℃/30min	20	100℃/30min	99
β-葡萄糖苷酶	右旋糖酐	60℃/40min	41	60℃/40min	82
尿激酶	人血清白蛋白	37℃/48h	50	37℃/48h	95
α-葡萄糖苷酶	人血清白蛋白	55℃/3min	50	55℃/60min	50

知识拓展　从源头治理"白色污染"

塑料工业已逐渐发展为国民经济的支柱产业，在给人类社会的生活、生产带来方便的同时，也导致大量的废旧塑料垃圾不断产生。目前处理塑料垃圾的方式通常是填埋和焚烧，这种"生产–废弃–处理"的单向过程无法从源头解决"白色污染"问题。

从源头治理白色污染

中国科学院微生物研究所的吴边团队提出了一种新型蛋白质稳定性计算设计策略，基于计算机蛋白质设计进行稳定性改造，获得了鲁棒性显著增强的重设计酶，为拓宽生物降解塑料的应用场景提供了新思路。这一成果发表在 *ACS Catalysis* 杂志上。

5.4.4.2　抗原性

酶分子结构上除了蛋白水解酶的"切点"外，还有一些氨基酸残基组成了抗原决定簇，当酶作为异源蛋白进入机体后，就会诱发产生抗体，抗原抗体反应不但能使酶失活，且会对人体造成伤害及危险。通过酶化学修饰，有些组成抗原决定簇的基团与修饰剂形成了共价键，这样就可能破坏酶分子上抗原决定簇的结构，使酶的抗原性降低乃至消除。同时，大分子修饰剂也能"遮盖"抗原决定簇和阻碍抗原、抗体产生结合反应。

许多酶经过化学修饰后，由于增强了抗蛋白水解酶、抗抑制剂和抗失活因子的能力以及对热稳定性的提高，体内半衰期都比天然酶延长，这对提高药用酶的疗效具有很重要的意义，在消除酶抗原性的作用上，现在比较公认的是 PEG 和人血清白蛋白有显著效果。

5.4.4.3　最适 pH

有些酶经过化学修饰后，最适 pH 发生变化，这在生理和临床应用上都有意义。例如吲哚-3-链烷羟化酶修饰后，最适 pH 从 3.5 变到 5.5。这样当 pH 为 7 左右时，修饰酶酶活力比天然酶增加 3 倍，在生理环境下修饰酶抗肿瘤效果要比天然酶多得多。

5.4.4.4 酶学性质的变化

绝大多数酶经过修饰后，最大反应速度 v_m 没有变化。但有些酶在修饰后，米氏常数 K_m 会增大。据研究认为，这可能是由于交联于酶上的大分子修饰剂所产生的空间障碍影响了底物与酶的接近和结合。但人们同时认为，修饰酶抵抗各种失活因子的能力增强和体内半衰期的延长，能够弥补 K_m 增大的缺陷，不影响修饰酶的应用价值。

5.4.4.5 对组织的分布能力变化

有些酶经化学修饰后，对组织的分布能力有所改变，能在血液中被靶器官选择性地吸收。用聚乳糖修饰 L-天冬酰胺酶后，由于肝细胞的特异性受体能和乳糖的非还原端半乳糖结合，使得聚乳糖修饰 L-天冬酰胺酶在进入体内 10min 后即被肝细胞吸收，而此时，90%的天然酶还存留于血液中。

5.4.4.6 半衰期

由于酶分子经修饰后，增强对热、蛋白酶、抑制剂等的稳定性，从而延长了在体内的半衰期。

综上所述，酶化学修饰这项新技术在一定程度上可以大大改善天然酶的一些不足之处，使其更适用于实际应用需要。

练习题

1. 填空题

（1）酶分子修饰的主要目的是_____、_____、_____、_____，增加稳定性。

（2）酶的活性中心是指_____。

（3）定点突变技术是在 DNA 序列的_____进行碱基的改变从而获得_____的操作技术。

（4）在获得酶的单一基因以后，可以采用_____获得两种以上同源正突变基因。

（5）在进行易错 PCR 时，添加一定浓度的锰离子，其作用是_____。

2. 选择题

（1）金属离子置换修饰是将 （　　） 中的金属离子用另一种金属离子置换。

A. 酶液　　　　　B. 反应介质　　　　　C. 反应体系　　　　　D. 酶分子

（2）酶分子的物理修饰是通过物理方法改变酶分子的（　　）而改变酶的催化性特。

A．组成单位　　　　B．侧链基团　　　　C．空间构象　　　　D．共价结构

（3）酶的大分子修饰常用的大分子修饰剂有（　　）。

A．聚乙二醇　　　　B．氨基　　　　C．羧基　　　　D．己二胺

（4）酶的化学修饰是通过化学基团的引入或除去，使蛋白质（　　）发生改变，从而改变酶学性质。

A．组成单位　　　　B．侧链基团　　　　C．空间构象　　　　D．共价结构

3. 简答题

（1）酶的分子修饰的意义是什么？

（2）酶的分子修饰的方法有哪些？

（3）什么是易错 PCR 技术？

（4）酶分子的物理修饰有何特点？

（5）酶经过化学修饰后热稳定性增强的原因有哪些？

6 酶的非水相催化

 项目导读

酶非水相催化是通过反应介质的改变，使酶的表面结构和活性中心发生某些改变，从而改进酶的催化特性。近年来，非水相酶学的发展迅速，已在多肽、酯类合成、甾体转化、药物合成及立体异构体拆分等领域显示出蓬勃的生命力。

学习目标

知识目标	能力目标	素质目标
1．掌握大肠杆菌全细胞催化生产的基本过程。 2．理解原位分离技术在坡那甾酮 A 制备中的应用。 3．理解连续补料方法生产坡那甾酮 A 的基本过程	1．能够完成产酶微生物发酵和悬浊液的制备。 2．能够完成底物浓度、有机溶剂类型、双相体积比等因素对全细胞非水相催化的影响。 3．掌握数据和图文的基本处理方法	1．培养学生追求真理、精益求精的钻研精神，树立专业自信和社会责任担当，弘扬社会主义核心价值观。 2．培养学生辩证思维能力，会用辩证唯物主义的观点看待科学和事物。 3．培养学生协作意识与创新实践能力和勇攀科学高峰的科学研究精神

6.1 任务书 全细胞催化合成坡那甾酮 A

6.1.1 工作情景

某生物技术公司接到坡那甾酮 A 需求量为 10g 的生产订单，需要以生物酶法催化生产。公司技术团队以含有糖基转移酶的大肠杆菌工程菌株 *E.coli*/pET28a-*gt*BP1 为基础，制订全细胞高效合成坡那甾酮 A 计划，完成糖基转移酶催化双相体系的建立，以原位分离技术实现产物的反应分离耦合，完成全细胞合成坡那甾酮 A 的工艺优化。检测过程中糖基转移酶活力参照 QB/T 5357—2018 相关规定执行，过程记录完整，质控检测合格。

6.1.2　工作目标

1. 制订全细胞高效合成坡那甾酮 A 的计划。
2. 完成糖基转移酶催化双相体积的建立。
3. 完成全细胞合成坡那甾酮 A 工艺。

6.1.3　工作准备

6.1.3.1　任务分组

学生任务分配表

班级		组号		指导教师	
组长		学号			
组员	姓名	学号	姓名	学号	

任务分工

问题反馈

6.1.3.2　获取任务相关信息

（1）查阅项目任务资料，自主学习基础知识。

（2）查阅项目任务相关背景资料，完成如下问题。

① 请写出酶双相催化体系建立的方法。

_____

_____

_____

② 请写出哪些条件影响全细胞双相催化效率。

_____

_____

_____

(3) 在教师的指导下，根据资料绘制任务流程图。

6.1.3.3　制订工作计划

按照收集信息和决策过程，填写工作计划表、试剂使用清单、仪器使用清单和溶液制备清单。

工作计划表

步骤	工作内容	负责人	完成时间
1	全细胞催化体系建立		
2	原位分离技术制备坡那甾酮 A		
3	考察两相体积比对催化效率的影响		
4	全细胞催化制备坡那甾酮 A 时间曲线的测定		
5	以连续补料方法生产坡那甾酮 A		

试剂使用清单

序号	试剂名称	分子式	试剂规格	用途

仪器使用清单

序号	仪器名称	规格	数量	用途

溶液制备清单

序号	制备溶液名称	制备方法	制备量	储存条件

6.2　工作实施

检查该项目任务准备情况，确定实施时间以及主要流程，实施任务。

6.2.1　全细胞催化体系建立

（1）查阅资料，简要说明全细胞催化体系的优势。

（2）制备大肠杆菌静息细胞。简述步骤。

（3）设置全细胞催化的基本条件。简要概述。

（4）测定不同反应时间催化结果。简述步骤。

(5) 考察底物浓度对全细胞转化坡那甾苷 A 效率的影响。简述步骤。

记录底物浓度对全细胞转化坡那甾苷 A 效率的影响。

底物浓度对全细胞转化坡那甾苷 A 效率的影响

底物浓度/mmol	时间/h							
	0	2	4	6	12	18	24	48
0.5								
1								
2								
3								
4								
5								

6.2.2 原位分离技术制备坡那甾酮 A

(1) 思考为什么在全细胞催化坡那甾苷 A 设置双相体系?

（2）如何根据产物和底物分配系数选择有机溶剂。

（3）测定不同有机相中坡那甾酮 A 的产率。简述步骤。

记录不同有机相中坡那甾酮 A 的产率。

不同有机相中坡那甾酮 A 的产率

有机溶剂	$\log P$	K_s	K_p	坡那甾酮 A 产率/%
乙酸乙酯	0.68	0.14	7.39	
乙酸酯	0.16	0.16	3.78	
丙酸甲酯	0.97	0.09	3.77	
乙酸丁酯	1.70	0.07	4.71	
乙酸戊酯	2.20	0.08	4.63	
异丁醇	0.65	6.02	0	

6.2.3　考察两相体积比对催化效率的影响

简述两相体积比对催化效率影响的工作步骤。

记录两相体积比对催化效率的影响。

两相体积比对催化效率的影响

体积比	产率/%							

6.2.4　全细胞催化制备坡那甾酮 A 时间曲线的测定

在教师的指导下，绘制 *E.coli*/pET28a-*gt*$_{BP1}$ 全细胞制备坡那甾酮 A 时间曲线。

记录坡那甾酮 A 和坡那甾苷 A 含量随时间的变化。

坡那甾酮 A 和坡那甾苷 A 含量随时间的变化

时间/h							
坡那甾酮 A/mmol							
坡那甾苷 A/mmol							

6.2.5　以连续补料生产坡那甾酮 A

小组讨论：为什么需要进行连续补料工艺生产坡那甾酮 A。

6.3　工作评价与总结

6.3.1　个人与小组评价

（1）能够对大肠杆菌全细胞生产坡那甾酮 A 的过程做出正确的归纳总结。

（2）和小组成员分享工作的成果。

以小组为单位，运用 PPT 演示文稿、纸质打印稿等形式在全班展示，汇报任务的成果与总结，其余小组对汇报小组所展示的成果进行分析和评价，汇报小组根据其他小组的评价意见对任务进行归纳和总结。

根据工作任务实施过程，进行总结和分享：

考核任务	自评得分	互评得分	最终得分	备注
全细胞催化体系建立				
原位分离技术制备坡那甾酮 A				
考察两相体积比对催化效率的影响				
全细胞催化制备坡那甾酮 A 时间曲线的测定				
以连续补料方法生产坡那甾酮 A				

总结与反思

学生改错	学生学会的内容

学生总结与反思:

6.3.2 教师评价

按照客观、公平和公正的原则，教师对任务完成情况进行综合评价和反馈。

教师综合反馈评价表

评分项目			配分	评分细则	自评得分	小组评价	教师评价
职业素养（55分）	纪律情况（15分）	不迟到，不早退	5分	违反一次不得分			
		积极思考，回答问题	5分	根据上课统计情况得1~5分			
		有书本、笔记及项目资料	5分	按照准备的完善程度情况得1~5分			
	职业道德（20分）	团队协作、攻坚克难	10分	不符合要求不得分			
		认真钻研，有创新意识	10分	按认真和创新的程度得1~10分			
	5S（10分）	场地、设备整洁干净	5分	合格得5分，不合格不得分			
		服装整洁，不佩戴饰物，规范操作	5分	合格得5分，违反一项扣1分			
	职业能力（10分）	总结能力	5分	自我评价详细，总结流畅清晰，视情况得1~5分			
		沟通能力	5分	能主动并有效表达沟通，视情况得1~5分			
核心能力（45分）	撰写项目总结报告（15分）	问题分析，小组讨论	5分	积极分析思考并讨论，视情况得1~5分			
		图文处理	5分	视准确具体情况得5分，依次递减			
		报告完整	5分	认真记录并填写报告内容，齐全得5分			
	编制工作过程方案（30分）	方案准确	10分	完整得10分，错项漏项一项扣1分			
		流程步骤	5分	流程正确得5分，错一项扣1分			
		行业标准、工作规范	5分	标准查阅正确完整得5分，错项漏项一项扣1分			
		仪器、试剂	5分	完整正确得5分，错项漏项一项扣1分			
		安全责任意识及防护	5分	完整正确，措施有效得5分，错项漏项一项扣1分			

6.4　知识链接

6.4.1　酶的非水相催化

酶的非水相催化

6.4.1.1　酶的非水相催化的类型

酶的非水相催化主要内容包括有机介质中的酶催化、气相介质中的酶催化、超临界流体介质中的酶催化和离子液体介质中的酶催化等。

（1）有机介质中的酶催化

有机介质中的酶催化是指酶在含有一定量水的有机溶剂中进行的催化反应。酶在有机介质中起催化作用时，由于有机溶剂的极性与水有很大差别，对酶的表面结构、活性中心的结合部位和底物性质都会产生一定的影响，从而影响酶的底物特异性、立体选择性、区域选择性和热稳定性等，而显示出与在水相介质中不同的催化特性。利用酶在有机介质中进行多肽、脂类的生产，甾体转化，功能高分子合成，手性药物拆分等方面的研究均取得显著成果。

（2）气相介质中的酶催化

气相介质中的酶催化是指酶在气相介质中进行的催化反应，主要适用于底物是气体或者能够转化为气体的物质的酶催化反应。由于气体介质的密度低，扩散容易，酶在气相中的催化反应与在水溶液中的催化反应有显著的不同。

（3）超临界流体介质中的酶催化

超临界流体介质中的酶催化是指酶在超临界流体中进行的催化反应，主要利用温度和压力超过某物质超临界点的流体进行酶催化。所用设备如图 6-1 所示。用于酶催化反应的超临界流体应当对酶的高级结构没有破坏，对催化作用没有明显的不良影响；具有良好的化学稳定性，对设备没有腐蚀性。目前，全世界使用最多的 25 种药物绝大多数是手性的，手性药物的研制已成为国内外药物研究的新方向之一，利用酶的高效性和高立体选择性，合成和制备手性化合物（如手性药物中间体、手性材料等）是超临界流体中酶催化的新应用，它将成为超临界流体中酶催化最具有潜力和发展前景的领域之一。

（4）离子液体介质中的酶催化

离子液体介质中的酶催化是指酶在离子液中进行的催化作用。离子液体（ionic liquids）是由有机阳离子（图 6-2）与有机或无机阴离子构成的在室温条件下呈液态的低熔点盐类溶液，挥发性低、稳定性好。酶在离子液体中的催化作用具有良好的稳定性和区域选择性、立体选择性、键选择性等显著特点。

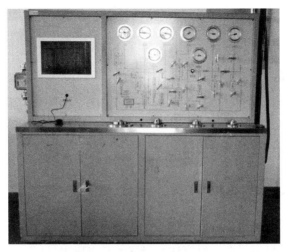

图 6-1　超临界萃取设备

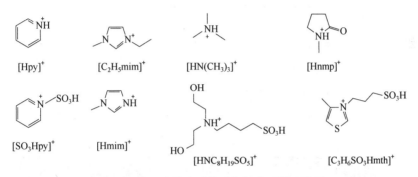

图 6-2　离子液体介质体系中阳离子常见类型

6.4.1.2　酶非水相催化的特点

酶在非水介质中催化与在水相中催化相比,具有下列显著特点。

(1) 酶的热稳定性提高

许多酶在有机介质中的热稳定性比在水溶液中的热稳定性更好。例如,胰脂肪酶在水溶液中,100℃时很快失活;而在有机介质中,100℃时的半衰期却长达数小时。

(2) 酶的催化活性有所降低

有机溶剂会破坏酶的空间结构,从而影响酶的催化活性,甚至引起酶的变性失活,如碱性磷酸酶冻干粉悬浮于乙腈中 20h,60%以上的酶不可逆地变性失活;悬浮在丙酮中 36h,75%以上的酶呈现不可逆的失活。极性较强的有机溶剂,如甲醇、乙醇等,会夺取酶分子的结合水,影响酶分子微环境的水化层,从而降低酶的催化活性,甚至引起酶的变性失活。研究表明,有机溶剂的极性越强,越容易夺取酶分子结合水,对酶催化活性的影响就越大。

(3) 可执行酶的可逆反应

由于水的大量存在,无法催化其逆反应,而在非水介质中,水解酶可以催化水解反应的逆反应,如脂肪酶催化酯类合成、蛋白酶催化多肽合成等。

（4）非极性底物或者产物的溶解度增加

非极性物质在水中的溶解度低，在有机溶剂介质中，可以提高非极性底物或产物的溶解度，从而提高反应速率。

（5）酶的底物特异性和选择性有所改变

在有机介质中，由于酶分子活性中心的结合部位与底物之间的结合状态发生某些变化，致使酶的底物特异性和选择性会发生改变。

6.4.2　有机介质中酶催化反应

酶分子均可以溶于水，水溶液反应体系是常规的酶反应体系。其他的反应体系统称为非水介质反应体系，其中以有机介质反应体系研究最多，应用最广泛。

6.4.2.1　有机相酶催化反应类型

有研究表明，酶在有机溶剂里仍然能保持其蛋白质的天然折叠结构，并且酶在有机溶剂中与在水溶液中的催化反应机理相同，但是酶在不同溶剂体系中所表现的催化活性（包括酶的活性、稳定性、专一性）并不一样，甚至相差甚远，这主要取决于反应体系中水的含量和所选用溶剂。常见的有机介质反应体系包括以下几种（图6-3）。

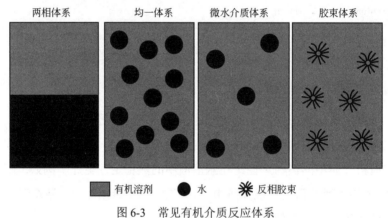

图6-3　常见有机介质反应体系

（1）微水介质体系

微水介质体系是由有机溶剂和微量的水组成的反应体系，是在有机介质酶催化中广泛应用的一种反应体系。微量的水主要是酶分子的结合水，它对维持酶分子的空间构象和催化活性至关重要。另一部分水分配在有机溶剂中，由于酶分子不能溶解于疏水有机溶剂，所以酶以冻干粉或固定化酶的形式悬浮于有机介质之中，在悬浮状态下进行催化反应。

（2）均一体系

均一体系是由水和极性较大的有机溶剂互相混溶组成的反应体系。体系中水和有机溶剂互相混溶组成了均一的反应体系，酶和底物都是以溶解状态存在于均一体系中。极性大的有机溶剂对酶的催化活性影响一般较大，所以能在该反应体系中进行催化的反应较少。如辣根过氧化物酶（HRP）可以在均一体系中催化酚类或芳香胺类底物聚合生成聚酚或聚胺类物质。

（3）两相或多相体系

这种体系是由水和疏水性较强的有机溶剂组成的两相或多相反应体系。游离酶、亲水性底物或产物溶解于水相，疏水性底物或产物溶解于有机相。如果采用固定化酶，则以悬浮形式存在两相的界面。催化反应通常在两相的界面进行。一般适用于底物和产物两者或其中一种是属于疏水化合物的催化反应，如甾体、酯类和烯烃类的生物转化。

（4）胶束体系

胶束又称为正胶束或正胶团，是在大量水溶液中含有少量与水不相混溶的有机溶剂，并加入表面活性剂后形成的水包油的微小液滴。表面活性剂的极性端朝外，非极性端朝内，有机溶剂包在液滴内部。反应时，酶在胶束外面的水溶液中，疏水性的底物或产物在胶束内部。反应在胶束的两相界面进行。

反胶束又称为反胶团，是指在大量与水不相混溶的有机溶剂中，含有少量的水溶液，加入表面活性剂后形成油包水的微小液滴。表面活性剂的极性端朝内，非极性端朝外，水溶液包在胶束内部，表面活性剂可以是阳离子型、阴离子型和非离子型。反应时，酶分子在反胶束内部的水溶液中，疏水性底物或产物在反胶束外部，催化反应在两相界面进行。在反胶束体系（图 6-4）中，由于酶分子处于反胶束内部的水溶液中，稳定性较好。反胶束与生物膜有相似之处，适用于处于生物膜表面或与膜结合的酶的结构、催化特性和动力学性质的研究。反胶束体系中的含水量是影响酶活性的关键因素。

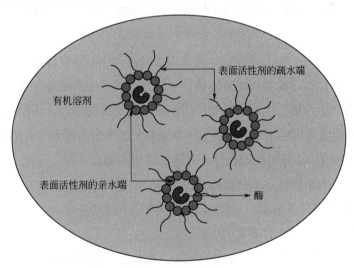

图 6-4　反向胶束酶催化反应体系

6.4.2.2　有机相酶催化的调控

（1）水对有机介质中酶催化的影响

酶都溶于水，只有在一定量的水存在的条件下，酶分子才能进行催化反应，所以酶在有机介质中进行催化反应时，水是不可缺少的成分之一。有机介质中的水含量与酶的空间构象、酶的催化活性、酶的稳定性、酶的催化反应速率等都有密切关系，水还与酶催化作用的底物和反应产物的溶解度有关。

① 水对酶分子空间构象的影响　酶分子只有在空间构象完好时才具有催化功能。在无水的条件下，酶的空间构象被破坏，酶将变性失活。因此，酶分子需要一层水化层，以维持其完整的空间构象。维持酶分子完整的空间构象所必需的最低水量称为必需水（essential water）。必需水与酶分子的结构和性质有密切关系，不同的酶，所要求的必需水的量差别很大，如每分子凝乳蛋白酶只需 50 分子的水，就可维持其空间构象而进行正常的催化反应；而每分子多酚氧化酶却需 $3.5×10^2$ 个水分子，才能维持其催化活性。必需水是维持酶分子结构中氢键、离子键等键所必需的，氢键和离子键是酶空间结构的主要稳定因素。酶分子一旦失去必需水，就必将使其空间构象破坏而失去其催化功能。

② 水对有机介质酶催反应速率的影响　有机介质中水的含量对酶催化反应速率有显著影响。在特定的有机介质反应体系中，催化速率达到最大时的含水量称为最适含水量。最适含水量会随着有机溶剂的类型、酶活性位点的极性、酶是否修饰、修饰剂的种类及反应条件等的变化而有所差别。在实际应用时应当根据实际情况，通过实验确定最适含水量。在一般情况下，最适含水量随着溶剂极性的增加而增加。

从酶分子构象变化的角度，有机溶剂中的含水量低于最适含水量时，会造成酶分子的构象刚性过强，动力学刚性的增加使酶的催化活性下降甚至丧失；在含水量高于最适含水量时，酶分子的结构柔性过大，在疏水的环境中，酶的构象向热力学稳定的状态变化，造成酶构象的巨变而使酶失活。

水活度（water activity, a_w）是指在一定的温度与压力下，反应体系中水的蒸气压与同样状态下纯水蒸气压的比值，能客观地描述酶分子的水分状态及酶活性与水之间的关系。水活度表征了酶分子表面水含量，以及水对有机相中酶催化反应的影响。当反应体系达到平衡态时，体系中各部分的水活度值相等。在含有不同底物的各种有机溶剂中，酶的最适 a_w 一般都在 0.55 左右，酶的最适 a_w 与溶剂的极性、底物的性质及浓度无关。

（2）有机溶剂对有机介质中酶催化反应的影响

在有机介质酶促反应体系中，有机溶剂影响酶分子对必需水的结合及酶分子的空间构象，对酶的催化特性及稳定性有显著的影响。

① 有机溶剂对酶活性的影响　在有机相中，酶的活力主要取决于酶的结合水与有机溶剂的相互作用。有机溶剂直接与酶分子周围的水相互作用，能造成酶分子必需水的变化和重新分布。一般认为，在非水体系中，酶在非极性有机溶剂中的催化活性要高于极性有机溶剂。因为极性强的有机溶剂，容易夺去酶分子的必需水，破坏酶分子的氢键网络，降低分子表面的张力，促使蛋白质发生去折叠而变性。

有机溶剂的极性强弱可以用疏水参数 lgP 来描述，lgP 是某有机溶剂在正辛醇-水体系中分配系数 P 的对数，lgP 可以定量描述溶剂的极性，可以作为有机介质的选择标准。

一般认为，有机介质的 lgP 越大，溶剂的疏水性越强，酶在该介质中的反应活性越高。研究显示酶活性与 lgP 之间的关系呈"S"形曲线（图 6-5），在 lgP>4 的非极性介质中酶能保持高的活性与稳定性；在 lgP 为 2~4 的有机介质中，酶的活性比较难预测，此范围的溶剂包括经常使用的有机溶剂氯仿（lgP 为 2.2），此范围的有机溶剂的使用效果会因酶的种类及催化反应的不同而有很大的差异；当有机溶剂的 lgP<2 时，溶剂极性较大，很容易脱去酶分子表面的必需水，酶易发生变性失活。

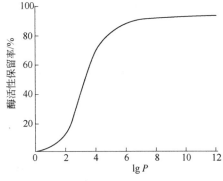

图 6-5　有机催化介质中酶活力和 lgP 的关系

② 有机溶剂对底物和产物分配的影响　在有机介质反应体系中，有机溶剂不仅会影响酶分子表面水层的结构，而且会影响底物和产物在酶分子周围的分配，从而影响酶促反应的进行。在有机介质催化反应体系中，底物分子必须首先进入酶分子的必需水层，然后再进入到酶的活性中心完成催化过程，反应形成的产物同样需要首先进入必需水层再转移到反应介质中，如此循环使反应持续进行。

③ 有机溶剂的选择　有机溶剂是影响酶在有机介质中催化的关键因素之一。不同的有机溶剂由于极性不同，对酶分子的结构及底物和产物的分配等有着不同的影响，因此有机溶剂的极性强弱是选择的重要指标。

在保证底物和产物一定溶解度的前提下，在不明显影响底物和产物分配的范围内，在含水量相等的体系中，溶剂的 lgP 值越高，酶的活性越大。此时在选择有机溶剂时，尽量选择 lgP 值较大的溶剂。但是 lgP 值并不是选择溶剂的唯一指标，一些可以和水混溶的低 lgP 有机溶剂也可以用于有机介质反应体系，在一些反应体系中，有机溶剂引起的酶活性损失可以由反应平衡的移动来补偿。例如，用葡萄糖异构酶在 80%乙醇水溶液中进行高果糖糖浆的生产，虽然酶的活力仅为在水中的 10%，但是反应平衡的移动可以使果糖的含量增加 10%~50%。

(3) pH 对有机介质酶催化的影响

pH 影响酶分子和底物分子的解离状态，影响酶的活性和选择性。酶分子活性中心的基团需要在特定的 pH 条件下才能获得催化反应所需的最佳解离状态，因此有机溶剂中酶催化反应的进行与在水中一样，强烈地依赖于酶分子周围这层必需水的 pH。在有机介质的低水体系中，由于含水量极低，体系中不存在自由移动的 H^+，所以不可能进行 pH 的直接测定和控制。

大量的实验结果显示：有机溶剂中的酶能够保持其冷冻干燥前或沉淀前所在缓冲液中的pH，这种现象称为pH记忆，如图6-6所示。对猪胰脂肪酶的研究显示，在含水量为0.02%的有机溶剂中，其催化三丁酸甘油酯和庚醇之间转酯反应的速率强烈依赖于制备酶的水溶液的pH，而且催化活力与pH的关系和水溶液相似，均呈钟形曲线。

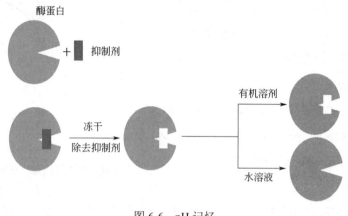

图 6-6　pH 记忆

　　一般来说,酶在有机介质中催化反应的最适 pH 与酶在水溶液中反应的最适 pH 接近或者相同,从最适 pH 水溶液中沉淀的酶在有机溶剂介质中也表现出较高的酶活性。利用酶的这种 pH 记忆特性,可以很容易地通过控制缓冲液的 pH 达到控制有机介质中酶催化反应的最适 pH。

6.4.2.3　有机相酶催化特性

（1）底物专一性

　　酶在水溶液中进行催化反应时，具有高度的底物专一性，或称为底物特异性，是酶催化反应的显著特点之一。在有机介质中，由于酶分子活性中心的结合部位与底物之间的结合状态发生某些变化，致使酶的底物特异性会发生改变。例如，胰蛋白酶等蛋白酶在催化 N-乙酰-L-丝氨酸乙酯和 N-乙酰-L-苯丙氨酸乙酯的水解反应时，酶在水溶液中催化苯丙氨酸酯水解的速率比在同等条件下催化丝氨酸酯水解的速率高 10^4 倍；而在辛烷介质中，催化丝氨酸酯水解的速率却比催化苯丙氨酸酯水解的速率快 20 倍。这就说明有机介质中有机溶剂与底物之间的疏水作用比底物与酶之间的疏水作用更强，导致疏水性较强的底物容易受有机溶剂的作用，反而影响其与酶分子活性中心的结合。

　　不同的有机溶剂具有不同的极性，所以在不同的有机介质中，酶的底物专一性也不一样。一般说来，在极性较强的有机溶剂中，疏水性较强的底物容易反应；而在极性较弱的有机溶剂中，疏水性较弱的底物容易反应。

　　表 6-1 所示为有机溶剂中枯草杆菌蛋白 Carlsberg 催化转酯反应的选择性。

表 6-1　有机溶剂中枯草杆菌蛋白 Carlsberg 催化转酯反应的选择性

溶剂	选择性	溶剂	选择性
二氯甲烷	8.2	甲基叔丁基醚	2.5
氯仿	5.5	辛烷	2.5
甲苯	4.8	乙酸异丙酯	2.2
苯	4.4	乙腈	1.7
乙酸叔丁醇	3.7	丙酮	1.1
乙醚	3.2	吡啶	0.53
四氯化碳	3.2	叔丁醇	0.19
乙酸乙酯	2.6	叔丁胺	0.12

（2）立体选择性

酶的立体选择性是衡量酶在对称的外消旋化合物中识别一种异构体的能力大小的指标。酶立体选择性的强弱可以用立体选择系数（K_{LD}）的大小来衡量。立体选择系数与酶对 L 型和 D 型两种异构体的酶转换数（K_{cat}）和米氏常数（K_m）有关，即：

$$K_{LD}=(K_{cat}/K_m)_L/(K_{cat}/K_m)_D$$

式中，K_{LD} 为立体选择系数；L 为 L 型异构体；D 为 D 型异构体；K_m 为米氏常数，即酶催化反应速率达到最大反应速率一半时的底物浓度；K_{cat} 为酶的转换数，是酶催化效率的一个指标，指每个酶分子每分钟催化底物转化的分子数。

立体选择系数越大，表明酶催化的对映体选择性越强。酶在有机介质中催化，与在水溶液中催化比较，由于介质的特性发生改变，而引起酶的对映体选择性也发生改变。迄今为止，关于溶剂影响酶选择性的最典型的例子是日本天野公司对于硝苯地平的研究（图 6-7）。硝苯地平是 1-取代的二氢吡啶单酯或双酯，用于心血管疾病的治疗，被称为钙拮抗剂。

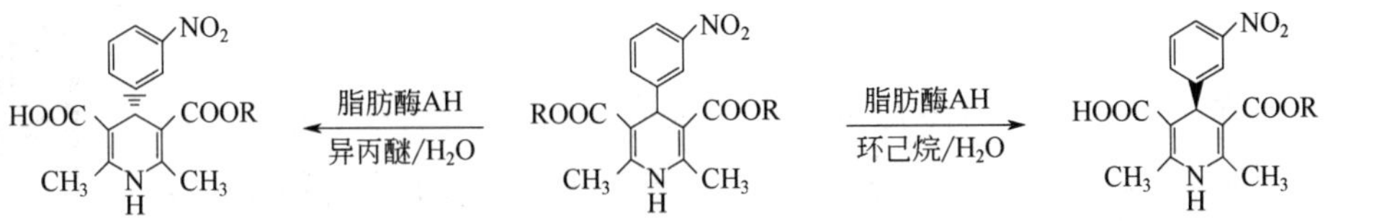

图 6-7　硝苯地平二酯不对称水解对酶选择性的影响

知识拓展　酶在治疗疾病方面的应用

酶是人体内新陈代谢的催化剂，只有酶存在，人体内才能进行各项生化反应。酶作为辅助药物用于疾病治疗可以起到很好的作用。如弹性蛋白酶可使结缔组织蛋白质中的弹性蛋白消化分解，可应用于高脂血症、动脉粥样硬化的治疗。凝血酶能使纤维蛋白原转化成纤维蛋白，加速血液凝固，用于控制毛细血管、静脉出血等多种出血症。酶作为消化剂应用于临床，能补充内源消化酶的不足，水解和消化食物中的成分，如蛋白质、糖类和脂类等。用于治疗消化紊乱，促进消化。

酶可以作为药物治疗多种疾病，如胰蛋白酶用于促进伤口愈合和溶解血凝块；不少药物包括一些贵重药物都是由酶法生产的，如青霉素酰化酶制造半合成抗生素，β-酪氨酸酶合成多巴，药用酶具有疗效显著、副作用小的特点。许多酶在医疗中还可作为诊断试剂。此外，脂肪酶、超氧化物歧化酶、L-天冬氨酰胺酶、凝血酶等都可用于疾病的治疗。

（3）区域选择性

酶在有机介质中进行催化时，具有区域选择性，即酶能够选择底物分子中某一区域的基因优先进行反应。

酶区域选择性的强弱可以用区域选择系数 K_{rs} 的大小来衡量。区域选择系数与立体选择系数相似，只是以底物分子的区域位置 1，2 代替异构体的构型 L，D，即：

$$K_{1,2} = \frac{(K_{cat}/K_m)_1}{(K_{cat}/K_m)_2}$$

例如，用脂肪酶催化 1,4-二丁酰基-2-辛基苯与丁醇之间的转酯反应，在甲苯介质中，区域选择系数 $K_{4,1}=2$，表明酶优先作用于底物 C4 位上的酰基；而在乙腈介质中，区域选择系数 $K_{4,1}=0.5$，则表明酶优先作用于底物 C1 位上的酰基。由此可以看到，在两种不同的介质中，区域选择系数相差 4 倍。此反应如图 6-8 所示。

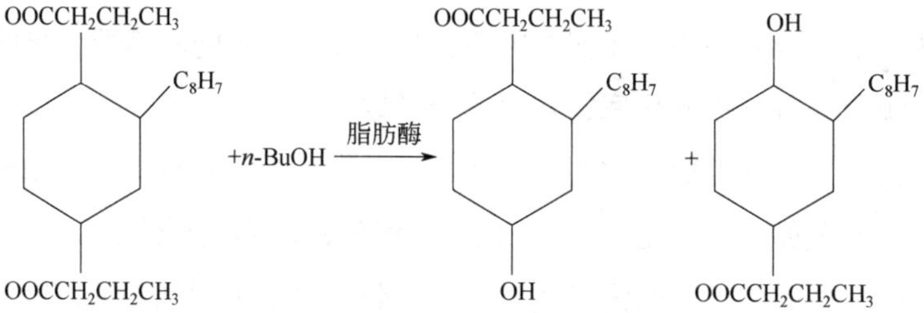

图 6-8　脂肪酶转酯反应的区域选择性

（4）热稳定性

许多酶在有机介质中的热稳定性比在水溶液中的热稳定性更好（如表 6-2）。例如，胰凝乳蛋白酶在无水辛烷中，于 20℃下保存 5 个月仍然可以保持其活性，而在水溶液中，其半衰期却只有几天。

限制性内切酶

酶在有机介质中的热稳定性还与介质中的水含量有关。通常情况下，随着介质中水含量的增加，其热稳定性降低。例如，核糖核酸酶在有机介质中的水含量从 0.06g 水/g 蛋白质增加到 0.2g 水/g 蛋白质时，酶的半衰期从 120min 减少到 45min。细胞色素氧化酶，在甲苯中的水含量从 1.3% 降低到 0.3% 时，半衰期从 1.7min 增加到 4h。

Li 获取了微生物来源的具有脱坡那甾苷 A 糖基的糖基转移酶 GT_{BP1}，对该酶催化坡那甾苷 A 脱糖基反应的酶学性质进行了研究，同时研究了该酶对糖苷类底物脱糖基反应的特异性。基于原位分离技术实现了天然产物坡那甾酮 A 的高效制备。通过比较不同有机溶剂与水的分配比以及其对坡那甾酮收率的影响，结果表明乙酸乙酯为最佳有机相。当产物被提取到乙酸乙酯里后，坡那甾酮 A 的收率得到了显著的提高，这不仅因为反应平衡在向产物合成的方向进行，而且由于反应时间的缩短最大限度地避免了产物和底物的降解。通过底物连续补加工艺消除底物抑制现象，并提高坡那甾酮 A 的总产量。

表 6-2　某些酶在有机介质与水溶液中的热稳定性

酶	介质条件	热稳定性
猪胰脂肪酶	三丁酸甘油酯，100℃； 水，pH7.0，100℃	$T_{1/2} < 26h$； $T_{1/2} < 2min$
酵母脂肪酶	三丁酸甘油酯/庚醇，100℃； 水，pH7.0，100℃	$T_{1/2}=1.5h$； $T_{1/2} < 2min$
脂蛋白脂肪酶	甲苯，90℃，400h	活力剩余 40%
胰凝乳蛋白酶	正辛烷，100℃； 水，pH8.0，55℃	$T_{1/2}=80min$； $T_{1/2}=15min$
枯草杆菌蛋白酶	正辛烷，110℃	$T_{1/2}=80min$
核糖核酸酶	壬烷，110℃，6h； 水，pH8.0，90℃	活力剩余 95%； $T_{1/2} < 10min$
酸性磷酸酶	正十六烷，80℃； 水，70℃	$T_{1/2}=8min$； $T_{1/2}=1min$
腺苷三磷酸酶(F$_1$-ATPase)	甲苯，70℃； 水，60℃	$T_{1/2} > 24h$； $T_{1/2} < 10min$
限制性内切核酸酶（HindⅢ）	正庚烷，55℃，30d	活力不降低
β-葡萄糖苷酶	2-丙醇，50℃，30h	活力剩余 80%
溶菌酶	环己烷，110℃； 水，50℃	$T_{1/2}=140min$； $T_{1/2}=10min$
酪氨酸酶	氯仿，50℃； 水，50℃	$T_{1/2}=90min$； $T_{1/2}=10min$
醇脱氢酶	正庚烷，55℃	$T_{1/2} > 50d$
细胞色素氧化酶	甲苯，0.3%水； 甲苯，1.3%水	$T_{1/2}=4.0h$； $T_{1/2}=1.7min$

6.4.3　酶非水相催化的应用

酶在非水介质中可以催化多种反应，可以生成一些具有特殊性质与功能的产物，在医药、食品、化工、材料、环保等领域具有重要的应用价值，显示出广阔的应用前景。酶非水相催化的应用如表 6-3 所示。

表 6-3 酶非水相催化的应用

酶	催化反应	应用
脂肪酶	肽合成	青霉素 G 前体肽合成
	酯合成	醇与有机酸合成酯类
	转酯	各种酯类生产
	聚合	二酯的选择性聚合
	酰基化	甘醇的酰基化
	水解	植物油的脱胶（除去磷脂）
	氨解	苯甘氨酸甲酯的拆分
蛋白酶	肽合成	合成多肽
	酰基化	糖类酰基化
羟基化酶	氧化	甾体转化
过氧化物酶	聚合	酚类、胺类化合物的聚合
多酚氧化酶	氧化	芳香化合物的羟基化
胆固醇氧化酶	氧化	胆固醇测定
醇脱氢酶	酯化	有机硅醇的酯化

6.4.3.1 手性药物的拆分

手性（chirality）化合物是指化学组成相同，而其立体结构互为对映体的两种异构体化合物。自然界中组成生物体的基本物质，如蛋白质、氨基酸、糖类等都属于手性化合物。目前世界上化学合成药物中的 40%左右属于手性药物，其中只有 10%左右以单一对映体药物出售，大多数仍然以外消旋体（两种对映体的等量混合物）形式使用。

有不少手性药物，其两种对映体的化学组成相同，但是其药理作用不同，药效也有很大差别，如表 6-4 所示。

对于上述的手性药物，两种对映体的药理、药效都有很大的不同，所以有必要进行对映体的拆分。故自 1992 年起，美国食品药品监督管理局（FDA）明确要求对于具有手性特性的化学药物，都必须说明其两个对映体在体内的不同生理活性、药理作用及药物代谢动力学情况。许多国家和地区也都制定了有关手性药物的政策和法规，这大大推动了手性药物拆分的研究和生产应用。目前提出注册申请和正在开发的手性药物中，单一对映体药物占绝大多数。

表 6-4　手性药物两种对映体的药理作用

药物名称	有效对映体的作用	另一种对映体的作用
普萘洛尔	S 构型，治疗心脏病，β 受体阻断剂	R 构型，钠通道阻滞剂
萘普生	S 构型，消炎、解热、镇痛	R 构型，疗效很弱
青霉胺	S 构型，抗关节炎	R 构型，突变剂
羟丙哌嗪	S 构型，镇咳	R 构型，有神经毒性
反应停	S 构型，镇静剂	R 构型，致畸胎
酮基布洛芬	S 构型，消炎	R 构型，防治牙周病
喘速宁	S 构型，扩张支气管	R 构型，抑制血小板凝集
乙胺丁醇	S,S 构型，抗结核病	R,R 构型，致失明
奈必洛尔	右旋体，治疗高血压，β 受体阻断剂	左旋体，舒张血管

6.4.3.2　功能高分子材料的合成

可生物降解高分子材料在各个领域的应用非常广泛。酶法合成可生物降解高分子兼有化学法和微生物法的优点，用酶促合成法开发的可生物降解高分子材料主要包括聚酯类、聚糖类、聚酰胺类等。脂肪酶和蛋白酶在有机介质中可以催化羟基羧酸酯的自身缩合，也可以催化内酯的开环缩合反应，从而得到聚酯高分子。利用酶法合成聚糖酯的主要途径是在聚酯链上引入糖基，以增强聚合物的生物可降解性能，以蛋白酶、脂肪酶等为催化剂，在有机介质中反应，可获得各种聚糖酯。如枯草杆菌蛋白酶在吡啶介质中将糖和酯类聚合，得到 6-O-酰基葡萄糖酯；蛋白酶在吡啶介质中催化蔗糖与三氯乙醇丁二酸酯聚合生成聚糖酯等。

酚醛树脂被广泛应用于涂料、黏合剂等制造行业。它是由酚或烷基取代酚与甲醛经缩聚反应制得。由于原料甲醛的毒性，人们一直在研究传统酚醛树脂的绿色化生产技术和寻求其替代品。辣根过氧化物酶具有广泛的底物专一性，且易得，采用辣根过氧化物酶催化酚类底物合成聚酚树脂，代替酚醛树脂，可以解决传统酚醛树脂生产中的污染问题。

6.4.3.3　生产生物柴油

酶催化生产生物柴油具有较高的催化效率，反应温和，耗能少，生成的甘油易回收，可以弥补化学方法中用酸碱催化剂进行催化生产生物柴油存在的分离困难、耗能较大、副产物多的缺点。市场上销售的生物柴油主要成分是脂肪酸甲酯。以脂肪酸和甲醇为底物，选用有机溶剂正己烷体系，使用脂肪酶合成脂肪酸甲酯。

6.4.3.4　短肽的合成

生物活性短肽在免疫调节、抗氧化、降血压、抗凝血、促进矿物元素吸收及促进 DNA

合成等方面有很大的应用潜力。酶促合成肽是肽合成的一种非常重要的方法。肽合成反应不适合在水相中进行，因在水相中肽键容易水解，导致副反应的产生，特别在相对较大的寡肽合成中会因此产生大量副产品。另外，作为底物的氨基酸衍生物在水相中的溶解度很低，直接导致产量下降。

目前在低水的有机溶剂中，已经利用悬浮、固定化和经过化学修饰的酶，成功地进行了大量模型二肽和三肽的合成，以及部分寡肽（阿斯巴甜、血管紧张肽、脑啡肽等）的合成。

6.4.3.5　食品添加剂的生产

食品添加剂的绿色制造是现代食品工业的主要领域与核心技术之一。目前，利用非水相酶催化技术合成食品添加剂主要是在非水介质中在脂肪酶催化下合成的脂肪酸酯和糖酯等酯类。目前，利用脂肪酶非水相生物催化合成的 L-抗坏血酸、己酸乙酯、葡萄糖月桂酸酯、维生素 A 脂肪酸酯等食品添加剂越来越受到人们的关注。

综上所述，非水介质中酶催化反应已成功地用于许多有机合成反应。Li 在非水相催化体系中定向合成了阿魏酸糖苷产物以及其他酚酸类糖基化产物，简化了产品的获取及纯化步骤，提高了糖基化转化效率。酶的非水相催化具有广阔的应用前景，并将在有机合成中发挥更大的作用。

6.4.4　全细胞催化

全细胞催化是指在微生物细胞的作用下，将某种底物转化成特定产物的过程，其实质是生物体系中酶的催化作用。相比提取酶的催化反应，全细胞催化可以利用细胞内的辅因子和其他酶与主反应耦合，降低催化剂的成本并且提高生物催化的效率。这种特定催化作用不仅能够利用自身的底物及其类似物，而且对外源添加的天然底物类似物同样具有催化功能。

> **知识拓展**　华东理工大学魏东芝教授团队的"酶"贡献
>
> 　华东理工大学魏东芝教授团队利用 20 多年时间建立了包括上千种酶的数据库，并且对其中部分酶种进行了功能改造，使专一性酶能够催化十几甚至几十种反应。数据库中包括酶的基因图谱绘制、细胞表达到发酵罐里的生产等内容，全套平台技术实现了无缝衔接、上下游一体化。多元醇的定向转化也是团队开发的技术之一，该技术来源于全细胞催化法的应用，借此技术生产的产品多达 90 余种，其中，光学纯苯乙二醇、二羟基丙酮、米格列醇、葡萄糖酸等产品的技术发明成果已实现产业化。魏教授团队还将原来用于催化水解青霉素 G 生产抗生素原料——青霉素酰化酶进行改良，首次应用到拆分手性非天然氨基酸的过程之中，将青霉素酰化酶发酵水平提高到每升 10 万单位，达到国际最高水平，分离纯化总收率达到 90% 以上，实现了低成本、优质化、规模化制备的预期目标。

6.4.4.1 天然全细胞

（1）放线菌全细胞

利用放线菌细胞进行全细胞催化来生产生物活性化合物具有相当长的一段历史。他汀类药物由于具有高效、安全等优点，成为降血脂药物中的首要选择，筛选能够生物合成与转化他汀化合物的菌株一直是他汀类药物开发的关键。在相关试验中发现，利用一株分离到的马杜拉放线菌可以将美伐他汀转化成普伐他汀，而后又分离到了具有相似转化功能的一株链霉菌 Y2110，在连续添加美伐他汀的条件下，普伐他汀的产率可以达到 15mg/(L·h)。

（2）丝状真菌全细胞

利用丝状真菌作为全细胞催化剂在工业生产上应用日益广泛，出现了大量丝状真菌转化的报道。甾类及其类似物是医药工业领域中的一类重要化合物，关于其关键中间体的研究一直是一个热点，利用粗糙脉孢菌可以转化羧酸龙葵酯、皮质醇以及雄甾等。

6.4.4.2 人工全细胞酶

酶催化由于其多样性和易操作性的优点在工业上得到了迅速的应用，但是也存在以下几方面的问题：底物跨膜的通透性大小影响最终的转化率；副反应导致底物或产物的降解；存在旁路反应和副产物积累的问题。这些问题在一定程度上限制了全细胞转化在工业上的应用，因此，利用基因工程异源表达重组酶或对天然酶进行定向改造在生物转化领域得到了迅速的发展。目前应用于人工改造全细胞酶的微生物主要有以下 3 种。

（1）重组大肠杆菌用于人工全细胞催化

大肠杆菌（*E.coli*）表达系统是基因工程中应用最早的表达系统，利用 *E.coli* 表达外源基因及此表达系统的优化研究已有较多报道，*E.coli* 已成为全细胞催化应用最为广泛的宿主细胞。工业上已用于生产丙二醇、乳酸等重要化工产品和谷胱甘肽、羟脯氨酸等药物中间体。

（2）重组酵母和真菌用于人工全细胞催化

酵母细胞中酿酒酵母和毕赤酵母应用最为广泛。人们通过传统的遗传学方法已确定了酵母中编码 RNA 或蛋白质的大约 2600 个基因。通过对酿酒酵母的完整基因组测序，发现在 12068kb 的全基因组序列中有 5885 个编码专一性蛋白质的开放阅读框。这意味着在酵母基因组中平均每隔 2kb 就存在一个编码蛋白质的基因，即整个基因组有 72% 的核苷酸顺序由开放阅读框组成。这说明酵母基因比其他高等真核生物基因排列紧密。毕赤酵母的生物学特点是，甲醇代谢所需的醇氧化酶被分选到过氧化物酶体中，形成区域化。以葡萄糖作碳源时，菌体中只有一个或很少几个小的过氧化物酶体，而以甲醇作碳源时，过氧化物酶体几乎占到整个细胞体积的 80%，根据甲醇酵母这种可以形成过氧化物酶体的特性，既可利用该系统表达一些毒性蛋白质和易被降解的酶类，也可用以研究细胞特异区域化的生物发生及其机制和功能，为高等动物类似的研究提供启示。

酿酒酵母

人物风采　**施一公院士**

2017 年，施一公团队在国际顶级期刊《细胞》上发表研究成果，解析了剪接体高分辨率的三维结构，在这个结构中人们第一次获取了参与剪接体解聚的关键信息，为该领域对剪接体解聚机理的研究提供了重要依据。这是中国科学家在世界基础生命科学领域的重大原创性突破，为人类进一步理解生命、揭示与剪接体相关遗传病的发病机理提供了结构基础和理论指导，是对世界科学的重大贡献。

（3）基因改组的应用

基因改组作为新兴的分子技术越来越多地应用在全细胞催化过程中。利用此技术对野生酶进行定向进化可以显著提高其底物特异性和稳定性。比如联苯双加氧酶因能够转化多环芳香族化合物而被用来降解环境污染物，这种酶由 BphA1，BphA2，BphA3 和 BphA4 四个功能组分构成，其中 BphA1 编码的是铁硫蛋白的亚基，铁硫蛋白作为一种重要的电子载体在生命活动中起着重要的作用。因此，运用基因工程技术筛选和改造各种微生物催化剂将是解决全细胞催化技术自身缺点的有效方法，这些研究也将成为今后发展生物催化技术方面的重要研究课题。

6.4.4.3　全细胞酶的应用

全细胞酶发酵产生药物利巴韦林，将肌苷（或鸟苷）生产菌（如枯草芽孢杆菌或解淀粉芽孢杆菌）进行发酵培养，同时向培养基中加入 1,2,4-三氮唑-3-甲酰胺（TCA），利用该生产菌自身的嘌呤核苷磷酸化酶生产利巴韦林。全生物酶发酵将核苷的发酵生产过程与核苷转化合成利巴韦林的过程相偶联，实现一步法生物合成利巴韦林，可避免核苷的分离和纯化过程，具有原料成本低、污染少等优点，具备工业化的潜力。

以固定化脂肪酶法生产生物柴油，具有反应条件温和、工艺简单、产品回收方便和对原料要求低等优点，但其制备成本较高，在生产过程中的提取、纯化和固定化等工序会使大量酶丧失活性，同时增加了酶的成本，使其作为催化剂工业化生产生物柴油存在较大的困难。目前降低酶法催化剂成本的最有前景的方法之一是以全细胞生物催化剂的形式来利用脂肪酶，这是因为全细胞脂肪酶作为一种特殊形式的固定化酶可以免去上述工序而直接利用，有望降低生物柴油的生产成本。

知识拓展　**5-羟甲基糠醛的全细胞转换**

5-羟甲基糠醛（HMF）是重要的生物基平台化合物，将 HMF 氧化成呋喃类化合物是生物质转化的重要发展方向。生物催化具有选择性高、反应条件温和、环境友好等优势。HMF 带有一个醛基和一个羟甲基，根据氧化的位置和氧化程度，可以分别氧化成 5-羟甲基-2-呋喃甲酸（HMFCA）、2,5-呋喃二甲醛、5-甲酰基-2-呋喃甲酸、2,5-呋喃二甲酸。Chang 等从化工厂周围获得一株 5-羟甲基糠醛耐受菌株——铜绿假单胞菌，该菌通过 6 次流加，HMFCA 的产量达 736mmol/L，HMF 转换率 100%。

6.4.5 非水相细胞催化

与水相生物催化相比，非水相生物催化所具有的优势，如可以提高水不溶化合物的溶解度；改变化学平衡，使反应向有利于产物合成的方向进行等。与酶催化相比，非水相中利用微生物活细胞作为催化剂具有更多的优点：避免酶的分离和提纯；更容易实现需要辅酶参与和多个酶催化的反应。然而，大多数的细胞难以在有机溶剂中保持活细胞状态，这就限制了细胞催化在非水相介质中的研究和应用。因此，细胞在非水相介质中的活性和稳定性是非水相细胞催化亟待解决的关键。一些典型的非水相细胞催化反应的例子如表 6-5 所示。

表 6-5 典型的非水相细胞催化反应

催化剂	生物转换	反应介质
梭状芽孢杆菌	异丁香酚转化为香草醛	异丁香酚-水
克鲁维酵母 CBS600	L-苯丙氨酸转换为 2-苯乙醇	聚丙二醇-水
红串红球菌 DCL14	香芹醇氧化为香芹酮	正十二碳烯-水
酿酒酵母 FD-12	2-辛酮不对称还原为 S-2-辛醇	正十二烷-水
酿酒酵母	手性醇氧化	正己烷
海藻酸钙固定化酿酒酵母	前手性酰基硅烷还原为 1-有机硅烷醇	正己烷-水
恶臭假单胞菌	苯乙烯环氧化	辛醇-水
重组大肠杆菌	萘氧化为 1-萘酚	乙酸月桂酯-水
单倍体酿酒酵母 W303-1A	乙酰乙酸乙酯还原	正己烷
简单节杆菌 AS1.94	甲基睾丸酮转换	四氯化碳-水

6.4.5.1 非水相细胞催化的特征

（1）非水相细胞催化的优点

① 可提高反应物质的溶解度；

② 抑制不必要的副反应，减少底物和产物抑制；

③ 提高催化的稳定性；

④ 利于产物和催化剂的回收；

⑤ 影响反应的选择性（底物选择性、区域选择性、立体选择性）；

⑥ 有利于产物分离，提高产率；

⑦ 改变化学平衡，使反应向有利于产物合成的方向进行等。

（2）非水相细胞催化的缺点

① 有机溶剂对细胞有毒性，降低细胞活性；

② 对细胞无毒害的有机溶剂多是非极性的，因此溶解底物和产物的能力较差，降低了反应速率；

③ 在水中和有机溶剂中溶解性都较差的反应物会在两相界面沉淀出来；

④ 增加了反应系统的复杂性；

⑤ 为了确保下游处理和反应器中应用的安全性，成本会增加；

⑥ 存在废水处理或有机溶剂循环使用的问题；

⑦ 与传统工艺不同，两相体系大规模应用没有经验可以借鉴。

6.4.5.2 非水相细胞催化体系的构建

生物催化系统主要由底物及产物、反应介质、生物催化剂 3 个基本要素构成。在有机介质中微生物细胞转化成功的关键是介质和催化剂的选择。

（1）介质的选择

筛选有机溶剂的两个重要标准是：具有良好生物相容性和对产物的高萃取率。研究人员在探索有机溶剂的物性参数与生物相容性的关系方面做了大量的工作，Laane 等提出的 Hansch 参数法（lg$P$ 法）是关联溶剂物化性质与生物相容性之间关系较为理想的方法。大量实验表明：溶剂的 lg$P$ 值和其对细胞的毒性成反比，即溶剂的 lg$P$ 值越高，其对细胞的毒性越小。但是疏水性溶剂更容易渗透或破坏细胞膜，进而影响细胞催化。因此最终要通过实验确定适于细胞保持最佳活性的有机溶剂，工作量仍很大。

（2）催化剂的筛选

细胞生物催化的成功与否首先取决于合适的微生物。通过经典方法筛选新的生物催化剂来完成生物催化反应仍然是最主要的方法之一。近几年，随着生物信息学的发展，越来越有利于生物催化剂的高效筛选。研究人员一般通过以下手段获得特定反应适宜的催化剂：从收藏的菌种库中筛选，从土壤样品、克隆库和宏基因组筛选。但是不同于水相细胞催化，非水相细胞催化中，细胞除了要含有反应所需的酶系外，还要求对有机溶剂有一定的耐受性。

以甾体转化为例，可用于该转化的微生物种类繁多，不同菌种所产酶的种类不同，不同菌种作用于同一底物可表现出不同的催化活性和立体选择性。因此使用种类繁多的微生物库和有效的筛选方法，筛选出高效菌株，可以提高反应活性和立体选择性。Kieslich 首次利用胆固醇和植物甾醇为唯一碳源，从土壤中分离出具有较强的侧链降解能力的分枝杆菌 NRRL B-3683，是降解甾醇 C17 位侧链的重要菌种。De Carvalho 等系统考察了分枝杆菌在一系列水溶性和水不溶性有机溶剂中的行为和耐受性，结果表明在两相体系中，细胞倾向于通过收缩和降低表面粗糙度来减少表面积，这可能是细胞保护自身免受两相界面张力的一种适应方式。

1. 填空题

(1) 酶的非水相催化具备_____、_____、_____、_____等优点。

(2) 全细胞催化是指_____，其实质是生物体系中酶的催化作用。

(3) 目前应用于人工改造全细胞酶的微生物主要有_____、_____、_____。

(4) 酶的非水相催化介质包括_____、_____、_____、_____中的酶催化等。

(5) 酶的有机介质催化过程中，水活度表征_____。

2. 选择题

(1) 有机介质中酶催化的最适水含量是（　　）。

A．酶溶解度达到最大时的含水量

B．底物溶解度最大时的含水量

C．酶催化反应速率达到最大时的含水量

D．酶活力达到最大时的含水量

(2) 有机溶剂极性的强弱可以用极性系数 $\lg P$ 表示，极性系数越大，（　　）。

A．表明其极性越强，对酶活性的影响就越大

B．表明其极性越强，对酶活性的影响就越小

C．表明其极性越弱，对酶活性的影响就越大

D．表明其极性越弱，对酶活性的影响就越小

(3) 水活度是指在一定的温度与压力下，反应体系中水的蒸气压与同样状态下（　　）的比值。

A．纯水蒸气压　　　B．溶液蒸气压　　　C．纯水温度　　　D．溶液温度

3. 简答题

(1) 简述酶非水相催化的概念与特点。

(2) 酶在有机溶剂介质中与在水溶液中的特性有何不同？

(3) 有机溶剂对酶催化过程有何影响？

(4) 什么是全细胞催化？目前全细胞催化主要应用于哪些领域？

(5) 酶非水相催化主要应用于哪些领域？

7 酶反应器

项目导读

    酶反应器主要研究反应器的类型、发酵动力学、产酶动力学以及基质消耗动力学。酶反应器是用于完成酶促反应的核心装置，为酶催化反应提供合适的场所和最佳反应条件，以便底物能最大限度转化为产物。

学习目标

知识目标	能力目标	素质目标
1. 掌握不同酶反应器适用条件。 2. 掌握发酵培养基的制备方法，熟悉酶反应器进行发酵的步骤。 3. 掌握酶反应器发酵过程的条件监测	1. 能够根据酶的类型、适用的操作方式选择合适的酶反应器。 2. 能够以反应器完成酶的生产发酵。 3. 掌握实验数据和图文的基本处理方法	1. 弘扬劳动光荣、技能宝贵、创造伟大的工匠精神和时代风尚。 2. 培养学生安全规范操作意识、环境保护意识，树立绿色化工和可持续发展理念。 3. 培养学生分析、思考、总结的工作态度和团结协作的精神

7.1 任务书 发酵罐生产 β-呋喃果糖苷酶

7.1.1 工作情景

    某生物技术公司以其菌种实验室保存重组大肠杆菌产 β-呋喃果糖苷酶为基础，制订 β-呋喃果糖苷酶发酵计划，正确选择发酵罐和熟悉控制原理，完成发酵种子制备和发酵罐接种，完成重组大肠杆菌生产 β-呋喃果糖苷酶发酵，并以补料分批发酵进行发酵条件优化，得到重组大肠杆菌发酵的最佳工艺条件。

7.1.2 工作目标

    1. 能够完成发酵种子制备和发酵接种。

2．能够完成重组大肠杆菌发酵生产 β-呋喃果糖苷酶。

3．能够完成物料衡算和热量衡算。

7.1.3　工作准备

7.1.3.1　任务分组

学生任务分配表

班级		组号		指导教师	
组长		学号			
组员	姓名	学号	姓名	学号	

任务分工

问题反馈

7.1.3.2　获取任务相关信息

（1）查阅项目任务资料，自主学习基础知识。

（2）查阅项目任务相关背景资料，完成如下问题。

① 请写出酶反应器的类型及其应用方向。

② 请写出重组大肠杆菌产 β-呋喃果糖苷酶发酵流程。

_____

_____

_____

（3）在教师的指导下，根据资料绘制任务流程图。

7.1.3.3 制订工作计划

按照收集信息和决策过程，填写工作计划表、试剂使用清单、仪器使用清单和溶液制备清单。

工作计划表

步骤	工作内容	负责人	完成时间
1	发酵培养基的制备和发酵罐的灭菌		
2	β-呋喃果糖苷酶发酵过程监测及数据记录		
3	β-呋喃果糖苷酶的固定化		
4	β-呋喃果糖苷酶反应器设计		

试剂使用清单

序号	试剂名称	分子式	试剂规格	用途

仪器使用清单

序号	仪器名称	规格	数量	用途

溶液制备清单

序号	制备溶液名称	制备方法	制备量	储存条件

7.2 工作实施

检查该项目任务准备情况，确定实施时间以及主要流程，实施任务。

7.2.1 发酵培养基的制备和发酵罐的灭菌

（1）LB 发酵培养基的制备。简述步骤。

（2）查阅资料，思考如何保证灭菌过程中发酵罐的内外压力平衡。

（3）校准发酵罐 pH 电极，溶氧电极。简述步骤。

（4）小组讨论：进行发酵罐接种时应注意的细节并记录。

(5) 小组讨论：操作过程中设置的发酵罐初始发酵条件包括哪几个方面。

7.2.2　β-呋喃果糖苷酶发酵过程监测及数据记录

(1) 发酵罐接种。简述步骤。

(2) 测定细胞干重和葡萄糖的含量。简述步骤。

（3）测定 β-呋喃果糖苷酶活力和蛋白含量。简述步骤。

（4）监测发酵罐中乙酸浓度。简述步骤。

（5）检测分泌蛋白的 SDS-PAGE 表达效果。简述步骤。

7.2.3　β-呋喃果糖苷酶的固定化

（1）简述吸附法将 β-呋喃果糖苷酶固定到离子交换树脂上的步骤。

（2）查阅资料，思考聚乙烯亚胺（PEI）修饰改善离子交换树脂哪些特性。

（3）记录 β-呋喃果糖苷酶固定化条件优化的过程。

（4）验证固定化酶的重复使用稳定性。

（5）比较固定化 β-呋喃果糖苷酶和游离 β-呋喃果糖苷酶的性质。

7.2.4 β-呋喃果糖苷酶反应器设计

（1）小组讨论：根据前期实验结果，确定酶反应工艺条件。

（2）简述 β-呋喃果糖苷酶固定化酶反应器的选型依据。

（3）简述物料衡算的步骤及过程。

（4）简述热量衡算的步骤及过程。

（5）查阅资料，简述酶反应器操作的注意事项。

```




```

7.3　工作评价与总结

7.3.1　个人与小组评价

（1）能够判断不同的因素对重组菌生产 β-呋喃果糖苷酶性能的影响。

（2）和小组成员分享工作的成果。

以小组为单位，运用 PPT 演示文稿、纸质打印稿等形式在全班展示，汇报任务的成果与总结，其余小组对汇报小组所展示的成果进行分析和评价，汇报小组根据其他小组的评价意见对任务进行归纳和总结。

根据工作任务实施过程，进行总结和分享：

个体评价与小组评价表

考核任务	自评得分	互评得分	最终得分	备注
发酵培养基的制备和发酵罐的灭菌				
β-呋喃果糖苷酶发酵过程监测及数据记录				
β-呋喃果糖苷酶的固定化				
β-呋喃果糖苷酶反应器设计				

学生改错	学生学会的内容

学生总结与反思:

7.3.2 教师评价

按照客观、公平和公正的原则，教师对任务完成情况进行综合评价和反馈。

教师综合反馈评价表

评分项目			配分	评分细则	自评得分	小组评价	教师评价
职业素养（55分）	纪律情况（15分）	不迟到，不早退	5分	违反一次不得分			
		积极思考，回答问题	5分	根据上课统计情况得1~5分			
		有书本、笔记及项目资料	5分	按照准备的完善程度得1~5分			
	职业道德（20分）	团队协作、攻坚克难	10分	不符合要求不得分			
		认真钻研，有创新意识	10分	按认真和创新的程度得1~10分			
	5S（10分）	场地、设备整洁干净	5分	合格得5分，不合格不得分			
		服装整洁，不佩戴饰物，规范操作	5分	合格得5分，违反一项扣1分			
	职业能力（10分）	总结能力	5分	自我评价详细，总结流畅清晰，视情况得1~5分			
		沟通能力	5分	能主动并有效表达、沟通，视情况得1~5分			
核心能力（45分）	撰写项目总结报告（15分）	问题分析，小组讨论	5分	积极分析思考并讨论，视情况得1~5分			
		图文处理	5分	视准确具体情况得5分，依次递减			
		报告完整	5分	认真记录并填写报告内容，齐全得5分			
	编制工作过程方案（30分）	方案准确	10分	完整得10分，错项漏项一项扣1分			
		流程步骤	5分	流程正确得5分，错一项扣1分			
		行业标准、工作规范	5分	标准查阅正确完整得5分，错项漏项一项扣1分			
		仪器、试剂	5分	完整正确得5分，错项漏项一项扣1分			
		安全责任意识及防护	5分	完整正确，措施有效得5分，错项漏项一项扣1分			

7.4 知识链接

7.4.1 发酵动力学

发酵动力学是研究发酵过程中环境因素对细胞生长速率、产物生成速率、基质消耗速率的影响规律的学科。发酵动力学的研究有助于系统有效地控制发酵过程，动力学模型的建立可以帮助设计和控制微生物发酵过程。细胞的生长、代谢是一个非常复杂的生物化学过程，因此要对这样一个复杂的体系进行精确的描述几乎是不可能的。为了工程上的应用，首先要将发酵过程进行合理地简化，在简化的基础上建立过程的物理模型，再据此推出数学模型。

在酶的发酵生产过程中研究发酵动力学，对于了解酶的生物合成模式、发酵工艺条件的优化控制、提高酶的产率等均具有重要意义。

知识拓展 β-呋喃果糖苷酶

β-呋喃果糖苷酶是蜂蜜中最重要的酶，在酿造过程中它能将采集来的二糖转化为具有旋光性的单糖，且在蜂蜜贮存过程中继续作用，使蔗糖含量持续下降，转化糖含量相应升高。β-呋喃果糖苷酶是一类具有高效果糖基水解和转移能力的糖苷酶，该酶不但可用于合成低聚果糖和低聚乳果糖，还可用于天然药物的糖基化修饰，因此在食品和医药行业均有着广泛的应用前景。

7.4.2 细胞生长动力学

产酶细胞在一定条件下于培养基中生长，其生长速率受细胞内外各种因素的影响，变化较复杂，但有一定的生长规律，掌握其生长规律有助于进行优化控制，根据需要使细胞生长速率维持在一定范围内，以达到较理想的效果。研究细胞生长动力学是对细胞群体的动力学行为的描述，不是对单一细胞进行描述。

细胞生长动力学主要研究细胞生长速率及其受外界环境因素影响的规律。几十年来，不少学者在这方面进行研究。1950 年，法国的 Monod 首次提出了在培养过程中细胞生长的动力学方程：

$$R_X = dX/dt = \mu X$$

式中，R_X 为细胞生长速率，g/(L·h)；X 为细胞浓度，g/L；μ 为比生长速率，1/h，是单位菌体在单位时间内的增殖量；t 为培养时间，h。由方程可知，在培养过程中，细胞生长速率与细胞浓度成正比。

当培养系统中细胞生长只受一种限制性基质的影响，而不存在其他限制生长的因素时，μ 为此限制性基质浓度的函数。下式就是表达此关系的 Monod 生长动力学模型：

$$\mu = \mathrm{d}X/(\mathrm{d}t \cdot X) = \mu_\mathrm{m} S/(K_\mathrm{s} + S)$$

式中，S 为限制性基质的浓度，g/L；μ_m 为最大比生长速率，1/h，是指限制性基质浓度足够大时的比生长速率，当 $S \gg K_\mathrm{s}$ 时，$\mu = \mu_\mathrm{m}$；K_s 为细胞对基质的半饱和常数，g/L，相当于比生长速率达到最大比生长速率一半时的限制性基质浓度。

Monod 方程是基本的细胞生长动力学方程，在发酵过程优化及过程控制等方面具有重要的应用价值。但 Monod 方程只适用于细胞生长较慢和细胞密度较低的环境，只有这时，细胞的生长才能与基质浓度呈简单的关系。如果基质消耗过快，则可能产生有害的副产物，细胞浓度越高，有害的副产物越多。许多学者从不同的情况出发或运用不同的方法，对 Monod 方程进行了修正，得出了各种不同的动力学模型。

细胞在连续全混流反应器的生长过程中，不断流加新鲜培养基，并不断地排出等体积发酵液。游离细胞连续发酵的生长动力学方程可表达为：

$$\mathrm{d}X/\mathrm{d}t = \mu_\mathrm{m} SX/(K_\mathrm{s} + S) - DX = (\mu - D)X$$

式中，D 为稀释率，是指单位时间内，流加的培养液与发酵容器中发酵液体积之比，一般以 1/h 为单位。如 $D = 0.4$/h，表明每小时流加的培养基体积为发酵容器中培养液体积的 40%。

① 当 $D < \mu$ 时，$\mathrm{d}X/\mathrm{d}t$ 为正值，表明发酵液中细胞浓度不断增加。

② 当 $D = \mu$ 时，$\mathrm{d}X/\mathrm{d}t = 0$，细胞浓度保持恒定，发酵体系进入稳态。

③ 当 $D > \mu$ 时，$\mathrm{d}X/\mathrm{d}t$ 为负值，发酵液中细胞浓度不断降低，S 相对升高，μ 增大至与 D 相等时，发酵体系进入新的平衡，重新达到稳态。

④ 但当 D 进一步增大至等于 μ_m 时，X 趋向于零。所以在游离细胞连续发酵过程中，要使细胞浓度恒定，必须控制好与之相应的稀释率 D，使之与细胞比生长速率 μ 相等。

7.4.3　产酶动力学

产酶动力学主要研究发酵过程中细胞产酶速率以及各种因素对产酶速率的影响规律。产酶动力学可以从整个发酵系统着眼，研究群体细胞的产酶速率及其影响因素，称为宏观产酶动力学或非结构动力学；也可以从细胞内部着眼，研究细胞中酶合成速率及其影响因素，称为微观产酶动力学或结构动力学。

在酶的发酵生产中，酶产量的高低是发酵系统中群体细胞产酶的集中体现，在此主要介绍宏观产酶动力学。

宏观产酶动力学的研究表明，产酶速率与细胞比生长速率、细胞浓度以及细胞产酶模式有关，产酶动力学模型或称为产酶动力学方程可以表达为：

$$R_\mathrm{E} = \mathrm{d}E/\mathrm{d}t = (\alpha \mu + \beta) \cdot X$$

式中，R_E 为产酶速率，以单位时间内生成的酶浓度表示，U/(L·h)；X 为细胞浓度，以每升发酵液所含的干细胞质量表示，g/L，以细胞干重计；μ 为细胞比生长速率，1/h；α 为生长偶联的比产酶系数，以每克干细胞产酶的单位数表示，U/g，以细胞干重计；β 为非生长偶联的比产酶速率，以每小时每克干细胞产酶的单位数表示，U/(g·h)，以细胞干重计；E 为酶浓度，以每升发酵液中所含的酶单位数表示，U/L；t 为时间，h。

根据细胞产酶模式的不同，产酶速率与细胞生长速率的关系也有所不同。

同步合成型的酶，其产酶速率与细胞生长偶联。在平衡期产酶速率为零，即非生长偶联的比产酶速率 $\beta=0$，所以其产酶动力学方程为：

$$dE/dt=\alpha\mu X$$

中期合成型的酶，其合成模式是一种特殊的生长偶联型。在培养液中有阻遏物存在时，$\alpha=0$，无酶产生。在细胞生长一段时间后，阻遏物耗尽，阻遏作用解除，酶才开始合成，在此阶段的产酶动力学方程与同步合成型相同。

滞后合成型的酶，其合成模式为非生长偶联型，生长偶联的比产酶系数 $\alpha=0$，其产酶动力学方程为：

$$dE/dt=\beta X$$

延续合成型的酶，在细胞生长期和平衡期均可以产酶，产酶速率是生长偶联与非生长偶联产酶速率之和。其产酶动力学方程为：

$$dE/dt=\alpha\mu X+\beta X$$

宏观产酶动力方程中的动力学参数包括生长偶联的比产酶系数 α、非生长偶联的比产酶速率 β 和细胞比生长速率 μ 等。这些参数是在实验的基础上，运用数学物理方法，对大量实验数据进行分析和综合，然后通过线性化处理及尝试误差等方法进行估算而得出。由于试验中所观察到的现象以及所测量出的数据受到各种客观条件和主观因素的影响，呈现出随机性，必须经过周密的分析和综合，找出其规律，才可能得到比较符合实际的参数值。

7.4.4 基质消耗动力学

基质消耗动力学主要研究发酵过程中基质消耗速率及各种因素对基质消耗速率的影响规律。在发酵过程中，被消耗的基质主要用于细胞生长、产物合成和维持细胞的正常新陈代谢三个方面，所以发酵过程中的基质消耗速率（$-dS/dt$）主要由用于细胞生长的基质消耗速率（$-dS/dt$）$_G$、用于产物生成的基质消耗速率（$-dS/dt$）$_P$ 和用于维持细胞代谢的基质消耗速率（$-dS/dt$）$_M$ 三者组成。

用于细胞生长的基质消耗速率是指单位时间内由于细胞生长所引起的基质浓度的变化量。它与细胞生长速率成正比，与细胞生长得率系数成反比，其动力学方程为：

$$(-dS/dt)_G=1/Y_{X/S}dX/dt=\mu X/Y_{X/S}$$

式中，S 为培养液中基质浓度，g/L；t 为时间，h；X 为细胞浓度，以每升发酵液所含的干细胞质量表示，g/L，以细胞干重计；μ 为细胞比生长速率，1/h；$Y_{X/S}$ 为细胞生长得率系数。

随着细胞的生长，基质浓度不断降低，所以其基质消耗速率为负值。

细胞生长得率系数是指细胞浓度变化量（ΔX）与基质浓度降低量（$-\Delta S$）的比值，即：

$$Y_{X/S}=\Delta X/(-\Delta S)$$

式中，ΔX 为细胞浓度变化量，g/L；$-\Delta S$ 为基质浓度降低量，g/L。

用于产物生成的基质消耗速率是指单位时间内由于产物生成所引起的基质浓度变化量。它与产物生成速率成正比，与产物得率系数成反比。其动力学方程为：

$$(-\mathrm{d}S/\mathrm{d}t)_P=1/Y_{P/S}(\mathrm{d}P/\mathrm{d}t)$$

式中，$(\mathrm{d}P/\mathrm{d}t)$ 为产物生成速率，g/h；$Y_{P/S}$ 为产物得率系数。

随着产物的生成，基质浓度不断降低，所以其基质消耗速率为负值。

产物得率系数 $Y_{P/S}$ 是产物浓度变化量（ΔP）与基质浓度降低量（$-\Delta S$）的比值，即：

$$Y_{P/S}=\Delta P/(-\Delta S)$$

式中，ΔP 为产物浓度变化量，g/L；$-\Delta S$ 为基质浓度降低量，g/L。

用于维持细胞代谢的基质消耗速率是单位时间内由于维持细胞正常的新陈代谢所引起的基质浓度变化量。它与细胞浓度以及细胞维持系数成正比。其动力学方程为：

$$(-\mathrm{d}S/\mathrm{d}t)_M=mX$$

式中，X 为细胞浓度，g/L；m 为细胞维持系数，1/h。

由于维持细胞正常的新陈代谢，使基质浓度不断降低，所以其基质消耗速率为负值。细胞维持系数 m 是单位时间（t）内基质浓度变化量（$-\Delta S$）与细胞浓度（X）的比值，即：

$$m=-\Delta S/(X\cdot t)$$

式中，m 为细胞维持系数，1/h；t 为时间，h；X 为细胞浓度，g/L；$-\Delta S$ 为基质浓度变化量，g/L。

细胞维持系数主要取决于微生物的种类，也受基质、温度、pH等环境因素的影响。对于同一种微生物，在基质和环境条件相同的情况下，细胞维持系数保持不变，故又称为细胞维持常数。

根据物料衡算，在发酵过程中，总的基质消耗动力学方程为：

$$R_S=(-\mathrm{d}S/\mathrm{d}t)=\mu X/Y_{X/S}+1/Y_{P/S}(\mathrm{d}P/\mathrm{d}t)+mX$$

基质消耗动力学方程中的各个参数是在实验的基础上，运用数学物理方法对实验数据进行分析和综合，然后估算得出。

7.4.5 酶反应器

7.4.5.1 酶反应器的类型及特点

酶反应器

酶反应器有多种，按照结构的不同可以分为搅拌罐式反应器（STR）、鼓泡式反应器（BCR）、填充床式反应器（PCR）、流化床式反应器（FBR）、膜式反应器（MBR）、喷射式反应器等。酶反应器的操作方式可以分为分批式反应、连续式反应和流加分批式反应。表 7-1 为常用酶反应器的类型及特点。

表 7-1　常用的酶反应器类型及其特点

反应器类型	适用的操作方式	适用的酶	特点
搅拌罐式反应器	分批式、流加分批式、连续式	游离酶、固定化酶	由反应罐、搅拌器和保温装置组成。设备简单，操作容易，酶与底物混合较均匀，传质阻力较小，反应比较完全，反应条件容易调节控制
填充床式反应器	连续式	固定化酶	设备简单，操作方便，单位体积反应床的固定化酶密度大，可以提高酶催化反应的速度。在工业生产中普遍使用
流化床式反应器	分批式、流加分批式、连续式	固定化酶	混合均匀，传质和传热效果好，稳定，pH 的调节控制比较容易，不易堵塞，对黏度较大的反应液也可进行催化反应
鼓泡式反应器	分批式、流加分批式、连续式	游离酶、固定化酶	结构简单，操作容易，混合效果好，传质、传热效率高于有气体参与的反应
膜式反应器	连续式	游离酶、固定化酶	结构紧凑，集反应与分离于连续化生产，但是容易发生浓度差引起的膜孔阻塞，清洗比较困难
喷射式反应器	连续式	游离酶	通过高压喷射蒸汽，实现酶与底物的混合，进行高温短时催化反应，适用于某些耐高温酶的反应

（1）搅拌罐式反应器

搅拌罐式反应器是有搅拌装置的一种反应器，它由反应罐、搅拌器和保温装置组成。搅拌罐式反应器可以用于游离酶的催化反应，也可以用于固定化酶反应。搅拌罐式反应器的操作方式可以根据需要采用分批式、流加式和连续式 3 种，与之对应的有分批搅拌罐式反应器（同时可以用于流加式）（图 7-1）和连续搅拌罐式反应器（图 7-2）。

① 分批搅拌罐式反应器　设备简单，操作容易，酶与底物混合较均匀，传质阻力较小，反应比较完全，反应条件容易调节控制。但分批式反应器用于游离酶催化反应时，反应后产物和酶混在一起，酶难于回收利用；用于固定化酶催化反应时，酶虽然可以回收利用，但是反应器的利用率较低。

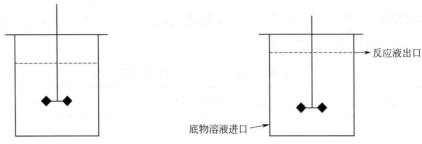

图 7-1　分批搅拌罐式反应器操作示意图　　图 7-2　连续搅拌罐式反应器操作示意图

采用分批式反应时，是将酶（或固定化酶）和底物溶液一次性加到反应器，在一定条件下反应一段时间，然后将反应液全部取出。分批搅拌罐式反应器也可以用于流加分批式反应，其装置与分批式反应的装置相同。只是在操作时，先将一部分底物加到反应器中，与酶进行反应，随着反应的进行，底物浓度逐步降低，然后再连续或分次地缓慢添加底物到反应器中进行反应，反应结束后，将反应液一次全部取出。流加分批式反应也可用于游离酶和固定化酶的催化反应。

② 连续搅拌罐式反应器　只适用于固定化酶的催化反应。在操作时固定化酶置于罐内，底物溶液连续从进口进入，同时，反应液连续从出口流出。在反应器的出口处装上筛网或其他过滤介质，以截留固定化酶，以防止固定化酶的流失。也可以将固定化酶装在固定于搅拌轴上的多孔容器中，或者直接将酶固定于壁、挡板或搅拌轴上。连续搅拌罐式反应器结构简单、操作简便，温度和 pH 容易控制，底物与固定化酶接触较好、传质阻力较低、反应器的利用效率较高，是一种常用的固定化酶反应器。

（2）填充床式反应器

填充床式反应器（图 7-3）是一种用于固定化酶进行催化反应的反应器。填充床式反应器中的固定化酶填充于管内或塔内床层中，固定不动（因而也称固定床反应器），底物溶液按照一定的方向以恒定速度流过反应床，通过底物溶液的流动，实现物质的传递和混合。填充床式反应器的优点是设备简单、操作方便、单位体积反应床的固定化酶密度大、酶的催化效率高，因而在工业生产中普遍使用。但填充床底层的固定化酶颗粒所受到的压力较大，容易引起固定化酶颗粒的变形或破碎，温度和 pH 难以控制。为了减小底层固定化酶颗粒所受到的压力，可以在反应器中间用托板分隔。

（3）流化床式反应器

流化床式反应器（图 7-4）也是一种适用于固定化酶进行连续催化反应的反应器，是一种装有较小颗粒的垂直塔式反应器，反应器形状可为柱形或锥形等。

流化床式反应器在进行催化反应时，固定化酶置于反应器内，底物溶液以一定的速度由下而上流过反应器，同时反应液连续地排出，固定化酶颗粒不断地在悬浮翻动状态下进行催化反应。流化床式反应器具有混合均匀、传质和传热效果好、温度和 pH 的调节控制比较容易、不易堵塞、可用于处理黏度高的液体或粉末状底物等特点。其存在的缺点有：固定化酶不断处于悬浮翻动状态，易导致粒子的机械破损；流化床的空隙体积大，使酶的浓度不高；流体动力学变化大，参数复杂，难以放大。

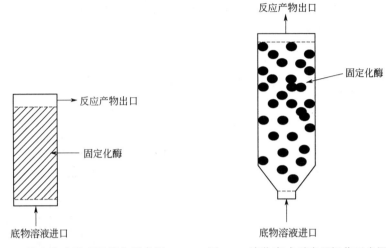

图 7-3　填充床式反应器操作示意图　　图 7-4　流化床式反应器操作示意图

(4) 鼓泡式反应器

鼓泡式反应器是利用从反应器底部通入的气体产生的大量气泡在上升过程中起到的提供反应底物和混合两种作用的一类反应器，也是一种无搅拌装置的反应器。鼓泡式反应器既可以用于游离酶的催化反应，也可以用于固定化酶的催化反应。在使用鼓泡式反应器进行固定化酶的催化反应时，反应系统中存在固、液、气三相，所以又称为三相流化床式反应器。鼓泡式反应器可以用于连续反应，也可以用于分批反应。其适用于有气体吸收的生物反应。

(5) 膜式反应器

膜式反应器是将酶催化反应与半透膜的分离作用组合在一起的反应器，可以用于游离酶的催化反应，也可以用于固定化酶的催化反应。

根据酶的存在状态，可以把酶膜反应器分为游离态酶膜反应器和固定化酶膜反应器。游离态酶膜反应器（图 7-5）中的酶均匀地分布于反应物相中，酶促反应在等于或接近本征动力学的状态下进行，但酶容易发生剪切失活或泡沫变性，装置性能受浓差极化和膜污染的影响显著。在具体操作中，游离酶在膜式反应器中进行催化反应时，底物连续地进入反应器，酶在反应容器中与底物反应后，再与反应产物一起进入膜分离器而进行分离，小分子的产物透过超滤膜而排出，大分子的酶则被截留，可以再循环利用。

采用膜反应器进行游离酶的催化反应集反应与分离于一体，一是酶可以回收循环利用，提高酶的使用效率，特别适用于价格较高的酶；二是反应产物可以连续地排出，对于产物对催化活性有抑制作用的酶就可以降低甚至消除产物引起的抑制作用，显著提高酶催化反应的速率。在具体操作中，游离态酶在膜式反应器中进行催化反应时，底物连续地进入反应器，酶在反应容器中与底物反应后，再与反应产物一起进入膜分离器而进行分离，小分子的产物透过超滤膜而排出，大分子的酶则被截留，可以再循环利用。

在固定化酶膜反应器中，酶通过吸附、交联、包埋、化学键等方式被装填在膜上，密度较高，反应器的稳定性和生产能力大幅度增加，产品纯度和质量提高，废物生成量减少。但酶往往分布不均匀，传质阻力也较大。

根据膜组件形式的不同，可将酶膜反应器分为平板式、螺旋卷式、转盘式、空心管式和中空纤维式（图 7-6）5 种。

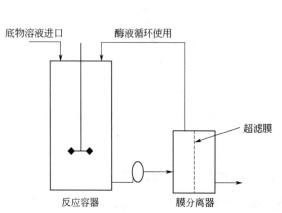

图 7-5　游离态酶膜反应器操作示意图

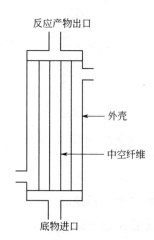

图 7-6　中空纤维式反应器操作示意图

中空纤维式反应器是目前应用较广的酶膜反应器，其是由外壳和数以千计的醋酸纤维等高分子聚合物制成的中空纤维组成，中空纤维的内径为 200～500μm，外径为 300～900μm。中空纤维的壁上分布许多孔径均匀的微孔，可以截留大分子而允许小分子通过。酶被固定在外壳和中空纤维的外壁之间。培养液和空气在中空纤维管内流动，底物透过中空纤维的微孔与酶分子接触，进行催化反应，小分子的反应产物再透过真空纤维微孔，进入中空纤维管，随着反应液流出反应器。中空纤维式反应器结构紧凑，表面积大，可承受较高的操作压力，有利于连续化生产。但经过较长时间使用，酶或其他杂质会被吸附在膜上，易发生浓度极化或孔堵塞，清洗比较困难。目前，中空纤维式反应器用于果酒、药酒、葡萄酒、白酒的澄清过滤，茶饮料、果饮料的澄清过滤浓缩以及中药提取液的分离和精制等领域，前景极为广阔。

7.4.5.2　酶反应器的选择

酶反应器多种多样，不同的反应器有不同的特点。因此在选择酶反应器的时候，主要从酶的应用形式、酶反应动力学性质、底物和产物的理化性质、反应器制造和运行成本、维护和清洗等方面进行考虑。

（1）根据酶的应用形式选择反应器

在体外进行酶催化反应时，酶的应用形式主要有游离酶和固定化酶。酶的应用形式不同，其所使用的反应器亦有所不同。

① 适用于游离酶反应的反应器选择　在应用游离酶进行催化反应时，酶和底物均溶解在反应溶液中，通过相互作用，进行催化反应。可以根据以下情况选用搅拌罐式反应器、膜式反应器、鼓泡式反应器或喷射式反应器等。

a. 游离酶催化反应最常用的反应器是搅拌罐式反应器。游离酶搅拌罐式反应器可以采用分批式操作，也可以采用流加分批式操作。对于高浓度底物对酶有抑制作用的反应，如采用流加分批式反应，可以降低或消除高浓度底物对酶的抑制作用。

b. 对于有气体参与的酶催化反应，通常采用鼓泡式反应器。如葡萄糖氧化酶催化葡萄糖与氧反应生成葡萄糖酸和双氧水，采用鼓泡式反应器从底部通入含氧气体，一方面通过不断供给反应所需的氧，同时起到搅拌作用，使酶与底物混合均匀，提高反应效率。另一方面可以通过气流带走生成的过氧化氢，以降低或者消除产物对酶的反馈抑制作用。

c. 对于某些价格较高的酶，由于游离酶与反应产物混在一起，为了使酶能够回收，可以采用超滤膜酶反应器。一则可以将反应液中的酶回收，循环使用，以提高酶的使用效率，降低生产成本。二则可以及时分离出反应产物，以降低或者消除产物对酶的反馈抑制作用，以提高酶催化反应速率。

d. 对于某些耐高温的酶，如高温淀粉酶等，可以采用喷射式反应器，进行连续式的高温短时反应。

② 适用于固定化酶反应的反应器选择　应用固定化酶进行反应，由于酶不会或者很少流失，为了提高酶的催化效率，通常采用连续反应的操作形式。在选择固定化酶反应器时，应根据固定化酶的形状、颗粒大小和稳定性的不同进行选择。

颗粒状的固定化酶可以采用搅拌罐式反应器、填充床式反应器、流化床式反应器、鼓泡式反应器等进行催化反应。如果颗粒易变形、易凝集或颗粒细小，采用填充床式反应器时会产生高的压力，容易引起固定化酶颗粒的变形或破碎，容易造成阻塞现象，对大规模操作来说不易获得足够的流速，这种情况下可以采用流化床式反应器，以增大有效催化表面积。对于平板状、直管状、螺旋管状的固定化酶，一般选用膜式反应器，膜式反应器集反应和分离于一体，特别适用于小分子反应产物具有反馈抑制作用的酶反应。

（2）根据酶反应动力学性质选择反应器

酶反应动力学主要研究酶催化反应的速率及其影响因素，是酶反应条件的确定及其控制的理论根据，对酶反应器的选择也有重要影响。在考虑酶反应动力学性质对反应器选择的影响方面，主要因素为酶与底物的混合程度、底物浓度对酶反应速率的影响、反应产物对酶的反馈抑制作用、酶催化作用的温度条件等。

① 酶催化过程　酶进行催化反应时，首先酶要与底物结合，然后再进行催化。要使酶能够与底物结合，就必须保证酶分子与底物分子能够有效碰撞，必须使酶与底物在反应系统中混合均匀。在上述各种反应器中，搅拌罐式反应器、流化床式反应器均具有较好的混合效果。填充床式反应器的混合效果较差。在使用膜式反应器时，也可以采用辅助搅拌或者其他方法，以提高混合效果，防止浓差极化现象的发生。

② 底物浓度　底物浓度的高低对酶反应速率有显著影响，在通常情况下，酶反应速率随底物浓度的增加而升高。所以，在酶催化反应过程中底物浓度都应保持在较高的水平。但是，有些酶催化反应，当底物浓度过高时，会对酶产生抑制作用，即高浓度底物的抑制作用。

对于具有高浓度底物抑制作用的游离酶，可以采用游离酶膜反应器进行催化反应；而对于具有高浓度底物抑制作用的固定化酶，可以采用连续搅拌罐式反应器、填充床式反应器、流化床式反应器、膜式反应器等进行连续催化反应。

③ 产物的反馈抑制作用　有些酶催化反应，其反应产物达到一定浓度后对酶有反馈抑制作用，酶促反应速率明显降低。对于这种情况，最好选用膜式反应器。利用膜式反应器集反应与分离于一体的设备性能，及时将小分子产物进行分离，可明显降低小分子产物引起的反馈抑制作用。

对于具有产物反馈抑制作用的固定化酶，也可以采用填充床式反应器，在这种反应器中，反应溶液基本上是以层流方式流过反应器，混合程度较低。产物浓度按照梯度分布，进口的部分产物浓度较低，反馈抑制作用较弱，只有靠近反应液出口处，产物浓度较高时才会引起较强的产物反馈抑制作用。

（3）根据底物和产物的理化性质选择反应器

在催化过程中，底物和产物的理化性质直接影响酶催化反应的速率，底物和产物的理化性质如分子量、溶解性、黏度等性质也对反应器的选择有重要影响。同时还需考虑如下几个方面。

① 底物或产物的分子量较大时，由于底物或产物难以透过超滤膜的膜孔，所以一般不采用膜式反应器。当反应底物为气体时，通常选择鼓泡式反应器。

② 当底物或者产物溶解度较低、黏度较高时，应当选择搅拌罐式反应器或者流化床式反应器，而不采用填充床式反应器和膜式反应器，以免造成反应器堵塞。

③ 需要小分子物质作为辅酶参与的酶进行催化反应时，应避免采用膜式反应器，以免辅酶的流失而影响催化反应的正常进行。

（4）根据反应操作的要求选择反应器

酶催化反应具有特殊需要时，要选择能满足特殊要求的酶反应器。如许多生物化学反应必须控制温度和pH，有的需要间歇地加入或补充反应物，有的则需要更新补充酶。当酶催化反应具有上述要求时，都可以选用搅拌罐式反应器，因为它可以不中断运转过程而连续进行。同时还应考虑反应过程是否需要供氧，以及有无废气的排出。反应底物或产物有气体时常采用鼓泡式反应器。图 7-7 为头孢曲松钠等药物生产所用的 O2O 一体化虚拟仿真系统。

图 7-7　O2O 一体化虚拟仿真系统

综上所述，在选择酶反应器时没有一个简单的标准或法则，因此必须根据具体情况，综合各种因素来进行权衡决定。

知识拓展　中国酶工程产业的发展之路

　　自 1970 年开始，在酶制剂工业的基础上，我国酶工程研究只局限于当时兴起的固定化酶及细胞、生物传感器、生物反应器以及天然酶诱变育种的酶制剂工业。科研工作者们群策群力，攻坚克难，扩展了酶工程研发的很多新领域，历经 50 年的奋斗拼搏，在我国各科研院校形成了许多优秀的科研队伍，建立了许多酶工程研发的技术平台和中心，学术水平迅速提高，在酶工程的主要领域逐步建立起集生产、研究、开发和应用于一体的核心技术体系，有些获得国家科学技术发明奖和国家科学技术进步奖，为国家酶工程产业化作出了重要贡献。2008~2016 年全球酶制剂市场规模的年复合增长率为 5.95%。酶制剂工业是知识密集型的高新技术产业，是生物工程的重要组成部分。目前为止，已报道发现的酶类有 3000 多种，但其中已实现大规模工业化生产的只有 60 多种。全世界酶制剂市场正以平均 11% 的速度逐年增长。我国的酶制剂发展进入了全新的发展阶段，向"高档次、高活性、高质量、高水平"的方向发展，向专用酶制剂和特种复合酶制剂发展，向新的更广泛的领域发展。

练习题

1. 填空题

（1）常用酶反应器的类型有＿＿＿＿、＿＿＿＿、＿＿＿＿、＿＿＿＿。

(2) 连续搅拌式反应器具备_____、_____、_____、_____、_____等特点，是一种常用的固定化酶反应器。

(3) 填充床式反应器的优点是_____、_____、_____、_____，因而在工业生产中普遍使用。

(4) 根据膜组件形式的不同，可将酶膜反应器分为_____、_____、_____、_____和_____。

2. 选择题

(1) 流化床式反应器（　　）。

A. 适用于游离酶进行间歇催化反应

B. 适用于固定化酶进行间歇催化反应

C. 适用于游离酶进行连续催化反应

D. 适用于固定化酶进行连续催化反应

(2) 膜反应器是（　　）的酶反应器。

A. 将酶催化反应与膜分离组合在一起

B. 利用酶膜进行反应

C. 利用半透膜进行底物与产物分离

D. 利用半透膜进行酶与产物分离

(3) 对于有产物抑制作用的酶，最好选用（　　）反应器。

A. 搅拌罐式　　　　　B. 喷射式　　　　　C. 膜　　　　　D. 鼓泡式

(4) 对于具有产物反馈抑制作用的固定化酶，通常采用（　　）反应器。

A. 填充床式　　　　　B. 流化床　　　　　C. 鼓泡式　　　　　D. 搅拌罐式

3. 简答题

(1) 酶反应器的种类有哪些？各有什么特点？

(2) 什么是填充床式反应器？

(3) 不同固定化酶反应的反应器选择依据？

参考文献

[1] 陈惠黎. 生物大分子的结构与功能[M]. 上海: 上海医科大学出版社, 1999.

[2] 郭杰炎, 蔡武城. 微生物酶[M]. 北京: 科学出版社, 1986.

[3] 郭勇. 酶工程[M]. 北京: 中国轻工业出版社, 1994.

[4] 郭勇. 现代生化技术[M]. 广州: 华南理工大学出版社, 1996.

[5] 郭勇. 生物制药技术[M]. 北京: 中国轻工业出版社, 2000.

[6] 郭勇. 酶的生产与应用[M]. 北京: 化学工业出版社, 2003.

[7] 郭勇. 酶工程[M]. 2 版. 北京: 科学出版社, 2004.

[8] 魏东芝. 酶工程[M]. 北京: 高等教育出版社, 2020.

[9] 郭勇. 酶工程[M]. 4 版. 北京: 科学出版社, 2016.

[10] 吴敬, 殷幼平. 酶工程[M]. 北京: 科学出版社, 2013.

[11] 王金胜. 酶工程[M]. 北京: 中国农业出版社, 2007.

[12] 肖连冬, 张彩莹. 酶工程[M]. 北京: 化学工业出版社, 2008.

[13] 王永华, 董美玲. "酶"香四溢满人间: 酶工程技术及其应用[M]. 广东: 广东科技出版社, 2013.

[14] 罗贵民. 酶工程[M]. 北京: 化学工业出版社, 2002.

[15] 张树政. 酶制剂工业[M]. 北京: 科学出版社, 1984.

[16] 周德庆. 微生物学[M]. 北京: 高等教育出版社, 1987.

[17] 邓子新, 陈峰. 微生物学[M]. 北京: 高等教育出版社, 2017.

[18] 陈守文. 酶工程[M]. 北京: 科学出版社, 2008.

[19] Laane C, Boeren S, Vos K, et al. Rules for the optimization of biocatalysis in organic solvents[J]. Biotechnology Bioengeering, 1987, 30(1): 81-87.

[20] Wang Y P, L E K Achenie. Computer aided solvent design for extractive fermentation[J]. Fluid Phase Equilibria, 2002, 201(1): 1-18.

[21] Cheng H C, Wang F S. Trade-off optimal design of a biocompatible solvent for an extractive fermentation process[J]. Chemical Engineering Science, 2007, 62(16): 4316-4324.

[22] Kieslich K. Microbial side-chain degradation of sterols[J]. Journal of Basic Microbiology, 1985, 25(7): 461-474.

[23] Carvalho C C C R D, Alexandra A. R. L. Da Cruz, Marie-Nöelle Pons, et al. Mycobacterium sp. , Rhodococcus erythropolis, and Pseudomonas putida Behavior in the Presence of Organic Solvents [J]. Microscopy Research & Technique, 2004, 64(3): 215-222.

[24] Carvalho C C C R D, Cruz A, Angelova B, et al. Behaviour of Mycobacterium sp. NRRL B-3805 whole cells in aqueous, organic-aqueous and organic media studied by fluorescence microscopy [J]. Applied Microbiology & Biotechnology, 2004, 64(5): 695-701.

[25] Yoshihiko, Hirose, et al. Drastic solvent effect on lipase-catalyzed enantio -selective hydrolysis of prochiral 1, 4-dihydropyridines[J]. Tetrahedron Letters, 1992, 33(47): 7157-7160.

[26] Liu K, Zhu F, Zhu L, et al. Highly efficient enzymatic synthesis of Z-aspartame in aqueous medium via in situ product removal[J]. Biochemical Engineering Journal, 2015, 98(15): 63-67.

[27] C Laane, S Boeren, K Vos, et al. Rules for the optimization of biocatalysis in organic solvents[J]. Biotechnology & Bioengeering, 1987, 30(1): 81-87.

[28] Yiping Wang Y P, L E K Achenie . Computer aided solvent design for extractive fermentation[J]. Fluid Phase Equilibria, 2002, 20130(1): 1-18.

[29] Cheng H C, Wang F S. Trade-off optimal design of a biocompatible solvent for an extractive fermentation process[J]. Chemical Engineering Science, 2007, 62(16): 4316-4324.

[30] 庄滢潭, 刘芮存, 陈雨露, 等. 极端微生物及其应用研究进展[J]. 中国科学: 生命科学, 2021, 52(2): 204-222.

[31] 刘斌, 吴克, 吴环, 等. 脂肪酶非水相催化合成脂肪酸甲酯研究[J]. 当代化工研究, 2021(23): 156-158.

[32] 余泗莲, 余琳, 余彬, 等. 非水相酶催化技术在食品添加剂生产中的应用[J]. 农业科学与技术(英文版), 2013, 14(1): 169-175.

[33] 马浩, 蔡滔, 黄正宇, 等. 金属基离子液体催化生物质转化研究进展[J]. 化工进展, 2021, 40(2): 800-812.

[34] 陈英, 朱绮霞, 张搏, 等. 基于易错PCR技术的黏质沙雷氏菌脂肪酶基因LipA的定向进化[J]. 生物技术通报, 2011(4): 181-185.

[35] 张林, 朱小翌, 江明锋. 酶定向进化方法的研究进展[J]. 中国畜牧兽医, 2013, 40(8): 68-71.

[36] 苏龙, 庄宇, 何冰芳. 酶定向进化研究及其在工业生物催化中的应用[J]. 生物加工过程, 2011, 9(4): 69-75.

[37] 余琳, 孙文敬, 刘长峰, 等. 非水相酶催化技术在食品添加剂生产中的应用[J]. 安徽农业科学, 2012, 40(29): 14502-14506.

[38] Sheldon R A, Pelt S V. Enzyme immobilisation in biocatalysis: why, what and how[J]. Chemical Society Reviews, 2013, 42(15): 6223-6235.

[39] Wang L, Xu R, Chen Y, et al. Activity and stability comparison of immobilized NADH oxidase on multi-walled carbon nanotubes, carbon nanospheres, and single-walled carbon nanotubes[J]. Journal of Molecular Catalysis B: Enzymatic, 2011, 69（3）: 120-126.

[40] Erbeldinger M, Mesiano A J, Russell A J. Enzymatic catalysis of formation of Z-aspartame in ionic liquid-an alternative to enzymatic catalysis in organic solvents[J]. Biotechnology Progress, 2010, 16(6).

[41] 刘森林, 宗敏华. 超临界流体中酶催化的研究进展[J]. 微生物学通报, 2001, 28(1): 81-85.

[42] 杨缜. 有机介质中酶催化的基本原理[J]. 化学进展, 2005, 17(5): 924-930.

[43] Liu K K, Zhu F C. Highly efficient enzymatic synthesis of Z-aspartame in aqueous medium via in situ product removal[J]. Biological Engineering Journal, 2015, 98(15): 63-67.

[44] Liu L, Ren J W, Zhang Y T, et al. Simultaneously separation of xylo-oligosaccharide and lignosulfonate from wheat straw magnesium bisulfite pretreatment spent liquor using ion exchange resin[J]. Bioresource Technology, 2018, 249: 189-195.

[45] 刘蕾, 任继巍, 刘鑫露, 等. 亚硫酸氢镁预处理麦秆废液中同步分离木质素磺酸盐和低聚木糖的方法研究[J]. 化工学报, 2018, 69(8): 3678-3685.

[46] Chang S Y, Pan X, Zhao M Z, et al. A thermostable glycosyltransferase from Paenibacillus polymyxa NJPI29: recombinant expression, characterization, and application in synthesis of glycosides[J]. Biotech, 2021, 11: 314.

[47] Chang S Y, He X J, Wang X, et al. Exploring the optimized strategy for 5-hydroxymethyl-2-furancarboxylic acid production from agriculture wastes using Pseudomonas aeruginosa PC-1[J]. Process Biochemistry, 2021, 102: 417-422.

[48] Chang S Y, He X J, Li B F, et al. Improved bio-synthesis of 2, 5-bis(hydroxymethyl)furan by Burkholderia contaminans NJPI-15 with co-substrate[J]. Frontiers in Chemistry, 2021, 9: 635191.

[49] Li B F, Chang S Y. Ca^{2+} assisted glycosylation of phenolic compounds by phenolic-UDP- glycosyltransferase from Bacillus subtilis PI18[J]. International Journal of Biological Macromolecules, 2019, 135: 373-378.

[50] Zhang S, Chang S Y, Xiao P, et al. Enzymatic in situ saccharification of herbal extraction residue by a medicinal herbal-tolerant cellulase[J]. Bioresource Technology, 2019, 287: 1214-1217.

[51] Li B F, He X J, Fan B , et al. Efficient synthesis of ponasterone A by recombinant Escherichia coli harboring the glycosyltransferase GTBP1 with in situ product removal[J]. RSC Advances, 2017, 7(37): 23027-23029.

[52] Li B F, He X J, Zhang S, et al. Efficient synthesis of 4-O-β-d-glucopyranosylferulic acid from ferulic acid by whole cells harboring glycosyltransferase GT BP1[J]. Biochemical Engineering Journal, 2017: S1369703X17303297.